I0463040

Avicultura

Da pré-história à produção industrial

Katia Regina Freire Lopes

Um guia para estudantes

e professores

1ª
Edição

Avicultura

Da pré-história à produção industrial

A obra **Avicultura: da pré-história à produção industrial** de **Katia Regina Freire Lopes** foi licenciada com Licença Creative Commons - Atribuição - Uso Não-Comercial - Partilha nos Mesmos Termos 3.0 Não Adaptada.
Permissões adicionais ao âmbito desta licença podem estar disponíveis em http://www.katia.vet.br.
http://creativecommons.org/licenses/by-nc-sa/3.0/deed.pt_BR

Você tem a liberdade de:

- **Compartilhar** — copiar, distribuir e transmitir a obra.
- **Remixar** — criar obras derivadas.

Sob as seguintes condições:

- **Atribuição** — Você deve creditar a obra da forma especificada pelo autor ou licenciante (mas não de maneira que sugira que estes concedem qualquer aval a você ou ao seu uso da obra).
- **Uso não-comercial** — Você não pode usar esta obra para fins comerciais.
- **Compartilhamento pela mesma licença** — Se você alterar, transformar ou criar em cima desta obra, você poderá distribuir a obra resultante apenas sob a mesma licença, ou sob uma licença similar à presente.

L864a   Lopes, Kátia Regina Freire.
        Avicultura: da pré-história à produção industrial / Kátia Regina Freire Lopes. -- Mossoró: 2010.
        105p.: il.

    ISBN: 978-1-4583-0758-3

        1. Avicultura. 2.Frango. 3.Produção. I. Título.

                          CDD: 636.5

Bibliotecária Keina Cristina Santos Sousa e Silva
CRB15 120

A todos os animais que deram e dão a vida para que a humanidade
continue acreditando ser civilizada

Apresentação

Este texto objetiva auxiliar os alunos e alunas das Disciplinas de Avicultura, presentes nos currículos básicos de quaisquer cursos das ciências Agrárias, facilitando o estudo e a compreensão do papel da Avicultura no desenvolvimento nacional, através de um resumo das condições essenciais para se explorar a avicultura de forma economicamente viável e eticamente correta.

Partiremos do conhecimento mais básico dos espécimes em estudo até as normas de manejo racional, nas diversas fases de ciclo de vida dos animais, normas sanitárias e drogas mais comumente utilizadas na avicultura.

Procuraremos facilitar a identificação das raças de galináceos que entraram na formação das "marcas avícolas" comerciais, suas origens e analisar os problemas relacionados com a mecânica de formação de linhagem.

Por fim serão expostas noções de anatomia e fisiologia, enfatizando as particularidades próprias das aves. Conheceremos detalhes da formação, constituição e conservação do ovo, entendendo a técnica de incubação e manejo do ovo no incubatório; conhecer a utilidade de técnicas específicas usadas na produção de ovos.

Espera-se com tudo isso auxiliar na formação de um profissional crítico, e ainda que não com domínio total sobre o tema, pois não temos a pretensão de cobrir aqui a totalidade dos detalhes da produção em avicultura, mas com capacidade para buscar com autonomia suas próprias respostas.

Sendo um guia, cabe a estudantes e docentes tratar o texto como um guia, um roteiro de discussão em sala de aula, onde o conhecimento legado de cada indivíduo complementará o texto básico.

Foi realizada uma ampla pesquisa, incluindo diversas fontes, o que não elimina a possibilidade/necessidade da leitura das fontes originais, motivo pelo qual incluímos ao final do texto uma lista com as fontes utilizadas. Nosso mérito é o de sintetizar e complementar o conteúdo anteriormente disperso.

Kátia Regina

"A imaginação é mais importante que o conhecimento"
Albert Einstein

Sobre a Autora

Katia Regina Freire Lopes é uma carioca radicada em Mossoró, Rio Grande do Norte.

È Engenheira Agrônoma e Médica Veterinária formada pela UFERSA - Universidade Federal Rural do Semi-árido (instituição anteriormente chamada ESAM – Escola Superior de Agricultura de Mossoró). É Mestre em Ciências Animais pela mesma instituição.

Foi professora, na mesma UFERSA, da disciplina de avicultura por 4 semestres, para os cursos de zootecnia, veterinária e agronomia.

É ambientalista, vegetariana convicta, fundadora da organização não governamental DNA – Defesa da Natureza e dos Animais – e defensora fervorosa da vida e da qualidade de vida dos animais. Por esse motivo acredita que pode colaborar para que os profissionais das ciências agrárias trabalhem de forma que a ética humana sobressaia-se às demandas econômicas e que, mesmo que continue havendo o consumo de animais para alimentação humana, que a criação e o abate seja o menos ofensivo possível.

Email: **contato@katia.vet.br**

Lattes: **http://www.katia.vet.br**

Sumário

Definições Preliminares

O ramo de atividade que se dedica à criação de aves (galinhas, patos, perus, faisões, pombos, cisnes, gansos, pavões, etc.) denomina-se avicultura. Constitui hoje uma técnica muito complexa, dada à maneira extremamente técnico/científica como se procede a criação intensiva. A criação de galinhas é, sem dúvida, a que está mais especializada e, por isso, a que é efetuada com mais pormenor; pode dedicar-se à produção de ovos ou à produção de carne. Certas raças são especializadas na postura, como, outras adaptadas à produção de carne. Considera-se de aptidão mista as raças que, tendo boa aptidão para a produção de carne, possuem também aptidão para a postura. Modernamente, porém, a produção de carne tem-se encaminhando principalmente para a criação de frangos de mesa, correntemente designados pelo termo inglês broiler.

A Ornitologia é o estudo científico das aves, que inclui a descrição, história, e classificação (classe, ordem, família, etc.); a distribuição, números, atividades, importância ecológica e valor econômico para as pessoas. Uma pessoa que estude ornitologia é conhecida como ornitóloga(o), podendo ser ornitólogo-amador ou ornitólogo-profissional.

Avicultura

Ornitologia

Os ornitólogos estudam todos os aspectos de vida das aves: acasalamento e construção do ninho, nascimento, alimentação - a forma como encontram e digerem a comida, vôo, navegação, migração e comunicação.

Estudam também a evolução das aves e as semelhanças com os seus antepassados, e a forma como as aves poderão ser afetadas com a mudança ecológica do futuro.

As aves foram estimadas ao longo de história por causa da sua beleza, dos hábitos, e da importância delas como uma fonte de comida.

Há ainda quem goste de observar as aves como hobby. Um observador de aves é conhecido como "bird-watcher".

Columbofilia é a arte de criar pombos para competição.

A Competição possui regras internacionais bem definidas. Depois de devidamente treinados, os pombos-correio são levados à Sociedade onde serão inscritos para participarem nos campeonatos. É feitos uma ficha com o número da anilha de cada pombo; os fiscais colocam na pata um anel de borracha com um número de série e depois serão colocados em cestos dentro de um caminhão próprio para o transporte para a competição. Depois de todos os pombos de todos os columbófilos estarem embarcados, o caminhão parte para o destino da soltura. Exemplo: saída Sábado à tarde e soltura Domingo de manhã. Todos os pombos-correio serão soltos simultaneamente e eles voltarão para seu lugar de origem, ou seja, o pombal onde cada um vive. Assim que os pombos entram no pombal o columbófilo retira o anel de borracha e introduz-lo dentro de um relógio "constatador" (tipo relógio de ponto), sendo marcado a hora, minuto e segundo da chegada de cada pombo. São marcados os seis primeiros pombos de cada criador. No final do dia os relógios serão levados até à sede da Sociedade onde os fiscais procederão à abertura e apuração dos mesmos. O vencedor não é necessariamente o primeiro pombo, já que as distâncias variam devido ao fato de que os pombais estarem espalhados em pontos diferentes da cidade, mas o que desenvolver a melhor média de velocidade calculada em metros por minuto (em relação ao local da solta e pombal do criador.) As distâncias são calculadas através do sistema de posicionamento global (GPS). Normalmente cada Sociedade promove três campeonatos por ano com cinco a seis provas cada:

- Campeonato de velocidade: de 110 Km a 300 Km
- Campeonato de meio-fundo: de 300 Km a 500 Km
- Campeonato de fundo: de 500 Km a 800 Km

O pombo foi uma das primeiras aves domesticadas, talvez por volta do ano 3000 a.C. e a ser usado como mensageiro por volta do ano 1800 a.C. A columbofilia como desporto começou na Bélgica no dia 15 de Julho de 1820. No Brasil, a primeira sociedade columbófila foi fundada em 1903, na cidade de São Paulo. O pombo-correio, ave de porte belíssimo, é considerado a ave doméstica mais saudável do mundo; o seu sentido de orientação ainda é desconhecido pelo homem.

Origem e Histórico

O registro fóssil das aves é relativamente escasso e fragmentado. Cerca de 1.700 fósseis de aves já foram identificados, mas grande parte é de períodos recentes e pertence a espécies que vivem ainda hoje. Acredita-se que esse número represente menos de 10% de todas as espécies que já existiram. Isso impede a formação de uma possível linha evolutiva. Esse número pequeno de fósseis é devido principalmente a frágil estrutura óssea das aves, dificultando sua conservação, seria necessário que as aves morressem em lugares como mares, lagos ou lugares alagados, onde uma série de condições propicia a fossilização. Por tudo isso os fósseis mais antigos encontrados são de espécies aquáticas.

Ainda em meio às ruidosas discussões causadas pela teoria da evolução, na Alemanha, em Solnhofen na Baviera, em cujo solo de formação calcária haviam sido encontrados vários tipos de fósseis, desde crustáceos, peixes e répteis até pterodátilos, no ano de 1860 alguns pedreiros acharam numa laje uma pena fossilizada, primeiro indício de que aves haviam convivido com os dinossauros. No ano seguinte, outro fóssil foi encontrado. Tinha mais ou menos 45cm, estava com as asas abertas, e em cada uma delas havia três dedos com garras. A cauda era sustentada por vértebras, como em um réptil, e percebia-se claramente, partindo das asas e da cauda, como haviam sido suas penas, infelizmente a cabeça estava completamente fragmentada.

Era sem duvida, uma ave com algumas características dos répteis e, além do mais com penas constituídas do mesmo material das escamas dos répteis

O cientista e pesquisador Herman V. Meyer denomino-o *Archaeopteryx lithographica* – literalmente "asa antiga impressa na pedra".

Em 1877 foi encontrado um novo fóssil, mais perfeito, com crânio intacto. Percebiam-se, nas mandíbulas dentes bem desenvolvidos – outras características dos répteis. Em 1956, um terceiro foi encontrado, bastante fragmentado, foi descoberto e consta que recentemente um quarto fóssil foi encontrado também em Solnhofen, enviado para Holanda, foi classificado originalmente como um pterodátilo, pois a impressão de suas penas era bastante leve.

O encontro dos dois primeiros fósseis, foi muito importante para Darwin e para o desenvolvimento de sua teoria, pois demonstrava que as aves evoluíram dos répteis. O *Archaeopteryx* seria sua forma intermediaria, o elo de ligação.

O *Archaeopteryx* viveu no período jurássico, há 150 milhões de anos. Pelo estudo de seu esqueleto, pode se dizer que não era uma ave voadora. Com a ausência da quilha do esterno, não possuía músculos poderosos o suficiente para levantar vôo. A mandíbula com dentes e o rabo com ossos tampouco lhe davam uma aerodinâmica perfeita para voar. Acredita-se que provavelmente, planava de um local para outro e que, trepava nas árvores utilizando-se das garras na asa, como ainda o faz hoje o filhote de Cigana (*Opisthocomus hoazin*), ave que vive em alagados e manguezais da Amazônia, e seu filhote nasce com duas garras nas asas. Ele as utiliza com certa habilidade para agarrar, trepar e se locomover em meio à ramagem. Ao chegar à idade adulta, perde essas garras; seu vôo, desajeitado e pesado, não permite ligação direta entre a Cigarra e o Archaeopteryx, neste último as penas tinham a função primordial de manter o calor.

Algumas espécies gigantes apareceram na Terra há pouco tempo e hoje estão extintas. É o caso do Teratornis, que viveu no Pleistoceno. Assemelhava-se ao Condor. Foi descoberto na Califórnia em segundo cálculos de estudiosos, deveria ter uma envergadura de asa de mais de 5 metros. Outro caso é o da Ave-Elefante (*Arpyrnis*), na Ilha de Madagascar, e o da Moa (*Dinoenis*), da nova Zelândia. Os fósseis da primeira datam de 70 milhões anos, e o deste de 40 mil anos, ambos alcançavam altura acima de 3 metros e não voavam. O Moa, inclusive, não mostra vestígios de asas; tem cabeça relativamente pequena, pernas atas e fortes.

Deveria pesar cerca de 250Kg e a Ave–Elefante, quase meia tonelada. Vários ovos foram encontrados enterrados em regiões arenosas e admite-se que eram incubados pelo calor do sol. Pesavam em media 9kg.

De que espécie de réptil o *Archaeopteryx* evoluiu é ainda uma pergunta difícil de responder. Existem algumas teorias, e a mais aceita é a de que descende de um grupo de répteis carnívoros do período jurássico, os *Pseudosuchia*. Acredita-se que certos animais desse grupo subiam em árvores, e que em determinada fase da evolução, quando tornaram se animais de sangue quente, as escamas transformaram-se em penas, possivelmente como uma forma de regulação térmica, o que mais tarde veio a permitir o vôo. Os Pterodátilos eram répteis planadores que viveram no mesmo período do *Archaeopteryx*. Não havia porém, qualquer parentesco direto.

Vários outros pontos ligam as aves aos répteis: assemelham-se em certos pontos da estrutura óssea, cerebral e dos órgãos sensoriais, especialmente os olhos. O mesmo pode-se dizer da reprodução por ovos e da existência de dente para quebrar o ovo.

Do *Archaeopteryx* até hoje muitas espécies viveram na terra. E evoluíram de diversas formas: umas tornaram-se excelentes voadoras, outras sequer voam. Quanto a estas se acredita que descendam das aves voadoras.

Supõe-se que, por uma serie de motivos, as asas não eram mais usadas e a energia utilizada no seu crescimento era desperdiçada. Uma mutação que alterasse o desperdício dessa energia, como as asas menores, seria vantajosa para a espécie, pois essa energia poderia ser poupada ou canalizada em outro sentido. Surgiram então espécies com asas pequenas.

O grande desenvolvimento das aves, no entanto, só começou quando os dinossauros desapareceram e os mamíferos não eram ainda tão diversificados. Então as aves espalharam-se pelo planeta e hoje sobrevivem em lugares onde nenhum outro animal consegue, como é o caso dos pingüins, no pólo sul. Adaptaram-se às mais diversas fontes de alimentos tanto na terra como no mar. E é interessante notar como as espécies de áreas mais úmidas tendem a ser mais escuras do que as de áreas abertas; as aves originárias de lugares mais frios costumam também ser maiores que outras.

O número de espécies, segundo alguns cálculos, chegou a 10.200 no Eoceno e no Oligoceno, atingindo seu auge no Plioceno e no Pleistoceno, com cerca de 11.600 espécies.

A partir daí, começou o declínio, e vários fatores contribuíram para isso. As glaciações, por exemplo, causaram profundas modificações na vegetação e, em conseqüência, nos animais.

Com o aumento das espécies houve, naturalmente, um aumento de predadores, ocorreu o desenvolvimento dos mamíferos, a competição por alimentos cresceu e muitas aves que não voavam extinguiram-se. Então, os mamíferos, de certa forma dominaram senhoras do ar.

O maior declínio das aves coincide com a expansão do homem pela terra. Hoje não existe mais que 8.650 espécies, e a tendência são esse número diminuir ainda mais. Todavia, a evolução continua e as aves prosseguem em seu processo de adaptação a novos habitats. Os pequenos granívoros, por exemplo são, do ponto de vista evolutivo, bastante recentes. Afinal, as gramíneas começaram a se espalhar pela terra há bem pouco tempo.

O homem, como nenhum outro animal, tem transformado a face da terra, alterando o equilíbrio ecológico e influindo na sobrevivência das espécies.

A agricultura e a civilização industrial transformaram irremediavelmente a vegetação e o habitat de varias espécies. Alguns conseguem adaptar-se. Mas, se espécies como o Pardal (*Passer domesticus*) e o Estorninho e o Melro-europeu (*Strnus vulgaris*) tem aumentado consideravelmente sua população, cada vez mais se torna perigosa à situação de várias outras espécies. Não é preciso ser nenhum especialista para notar essa crescente diminuição.

Os inseticidas combatem as pragas da lavoura, mas muitos se propagam através de cadeias alimentares. Atingem, assim, o próprio homem e os animais, ameaçando várias espécies. É o que ocorre, por exemplo, com certos gaviões e águias, que, devido ao DDT, não conseguem procriar. Os ovos apresentam casca tão fina que se torna inviável o desenvolvimento do embrião. Outros inseticidas, como o Aldrin, não matam apenas os insetos daninhos. Deixam mortas, também, centenas de aves que se alimentam desses insetos.

Represas e barragens modificam completamente o bioma, sem contar a poluição das águas dos rios e mares. Finalmente, há a caça que qualquer que seja a sua finalidade, é sempre danosa.

Pela seleção natural, em geral uma espécie se extingue para dar lugar a uma nova forma, melhor adaptada ao ambiente. Porém isso não ocorre quando as espécies desaparecem pela mão do homem. Aves que até bem pouco tempo viviam em perfeito equilíbrio e adaptações em certas regiões encontraram no homem um novo predador, que não estavam preparadas para combater ou evitar. Somente nos últimos 300 anos, cerca de 130 espécies de aves, desapareceram.

Diatryma

Tinha tamanho humano, fortemente constituído, ave voadora que data de há 38 milhões a 2 milhões de anos atrás. Estas aves tinham pernas altas e espessas, com aproximadamente 2,1m, asas minúsculas, bicos enormes e poderosos numa grande cabeça. Provavelmente eram carnívoros (embora haja alguma controvérsia sobre isto) e talvez os maiores predadores. O *Cladosictis*, mamífero pequeno, rápido e carnívoro, pode ter contribuído para extinção desta ave, comendo os seus ovos e crias.

Eoalulavis

Foi a ave que teve controle de vôo extra, até mesmo a baixas velocidades (este controle de vôo extra, era obtido de um conjunto de penas no dedo polegar chamado o alula - que também servia para partidas e aterragens). Foram achados fósseis em Espanha.

Hespornis

Que significa "ave ocidental", foi uma ave que viveu durante o recente período do Cretáceo. Esta ave mergulhadora tinha aproximadamente 1m de comprimento e tinha pés palmados, um bico longo, dentado e pernas fortes. Embora não pudesse voar, provavelmente comia peixe. Foram achados fósseis na América Norte.

Iberomesornis

Significa "ave Iberian =Espanhola intermediária" era uma ave pequena, dentada que viveu durante o período inicial de Cretáceos. Tinha capacidade de vôo. Teve dentes minúsculos e pontiagudos no bico e tinha tamanho de um pardal. *Iberomesornis* foi nomeado por paleontólogos Sanz e Bonaparte em 1992. Foram achados fósseis em Espanha.

Ichthyornis

Significa "ave peixe" tinha 20cm de comprimento, era dentada, extinta que data do recente período do Cretáceo. Tinha cabeça e bico, grandes. Viveu em bandos perto da costa, e caçou peixe nos mares. Ichthyornis foi achado originalmente em 1872 no Kansas, E.U.A. Foram achados fósseis no Kansas e Texas, E.U.A. e em Alberta, Canadá. (Subdivisão de classe Odontornithes, Ordem Ichthyornithiformes)

Mononykus

Que significa "única garra" era um pequeno, comedor de insetos, do recente período de Cretáceos, aproximadamente há 72 milhões de anos atrás. Mononykus era ou um pássaro tipo dinossauro (um theropode avançado) ou um pássaro primitivo; tinha qualidades de ambos os grupos de animais, braços pequenos com um dedo longo e espesso em cada mão (de onde deriva o seu nome), pernas longas e um rabo longo. Mononykus tinha aproximadamente 70 cm de comprimento. Foi encontrado um fóssil na SW Mongólia em 1923 (e originalmente chamado de Mononychus).

Patagonykus

Era um comedor de carne, constituído com um único, dedo-garra em cada mão. Tinha aproximadamente 2 m. Teve pernas longas, um rabo longo e braços pequenos. Patagonykus viveu durante o recente período de Cretáceo, aproximadamente 90 milhões de anos atrás. Patagonykus ou era um theropode avançado. Era semelhante a Mononykus. Foram achados fósseis em Patagônia, uma região de Argentina meridional.

Phororhacos

É um gênero de ave extinta há muito tempo que tinha aproximadamente 1,5m. Teve pernas longas, robustas, asas pequenas, um crânio grande, um corpo grande e pesado e um bico grande. Este carnívoro pode ter comido mamíferos pequenos e pode tê-los matado provavelmente com seu bico e pernas. Era parecido com a avestruz, mas com uma cabeça maior. Viveu durante a época de Oligoceno, aproximadamente 30 milhões de anos atrás. Foram achados fósseis em Patagônia, América do Sul. (Sub-classe Neornithes, Ordem Gruiformes).

Protoavis

Significa "primeira ave", extinta desde o recente período de Triassic (80 milhões de anos antes de Archaeopteryx). Também teve um rabo, como os dinossauros, pernas traseiras, e ossos ocos. Há algumas dúvidas se este animal era um pássaro ou um dinossauro. Foram achados fósseis no Texas, E.U.A..

Teratornis

"Pássaro monstruoso" era parecido com um Condor. Este gigante predador extinto tinha uma largura de cerca de 7,6 m de asas abertas. Este carnívoro (comedor de carne) data da época de Pleistoceno, aproximadamente 1,8 milhões de anos atrás. Classificação: Classe Aves, Ordem: Ciconiformes, Família: Teratornithidae (teratornis), Gênero: Teratornis.

Dodô (Raphus cucullatus)

Encontrado nas ilhas Mauricio, o Dodô era um pombo de aspecto estranho, com quase 1 metro de altura, tinha uma enorme e desproporcional bico, asa muito pequenas, corpo grande e pesado. As pernas eram fortes e as penas do rabo apresentavam-se como um pequeno penacho ondulado. A postura era de apenas um ovo, e o ninho era feito no chão.

Com o advento dos descobrimentos marítimos, os marinheiros que visitavam a ilha mataram grande quantidade de Dodôs para se alimentar. A principal causa de seu extermínio, porem, foram os animais introduzidos na ilha pelos portugueses. Os porcos, por exemplo, alimentavam-se de ovos e filhotes.

Figura 01 – Reconstituição Visual do Dodô

O Dodô desapareceu das ilhas Mauricio por volta de 1680, e hoje restam apenas alguns esqueletos, e duas cabeças e dois pés em museus europeus.

Moa, Ave-elefante e Grande Alca

O Moa (*Dinornis maximus*) viveu na Nova Zelândia. Não havendo na ilha, grandes mamíferos ou outros predadores , várias espécies perderam a capacidade de vôo. Quando lá chegaram os primeiros homens, indígenas da tribo Moaris, no ano 1350, ainda encontraram varias dessas aves. Mas a caça acabou por levá-las à extinção, cerca de 200 anos atrás. Imagina-se eu a causa da extinção da Ave-Elefante (*Aepyornis maximus*) da ilha de Madagascar, seja a mesma da dos Moas.

A grande Alca (*Pinguimus impennis*), do Atlântico Norte, de mais ou menos 80 cm de altura, era outra ave que não voava, e seria equivalente aos pingüins no Norte. Aninhavam em pequenas ilhas, onde ficavam muito indefesas e eram facilmente capturadas por marinheiros. A ultima foi morta e seus ovos destruídos em junho de 1844.

Figura 02 – Reconstituição Visual do Moa e um comparativo de seu porte com um veículo popular

Psitacídeos

Alguns Psitacídeos desapareceram nestes últimos séculos. Entre outros a Arara-Tricolor de Cuba (*Ara tricolor*). Não há muitos relatos que expliquem sua extinção mas é sábio que as aves adultas eram caçadas para servir de alimentos, e filhotes eram capturados e vendidos. O último exemplar visto foi morto em 1860.

Se for possível lamentar a extinção de uma espécie mas do que a outra, é o caso do Periquito-da-carolina (*Conuropsis carolinensis*) o único Psitacídeo nativo dos Estados Unidos. Como sempre, não houve um motivo único para o seu desaparecimento. É certo, porém, que seu declínio começou com a destruição das matas e o avanço do homem pelo interior dos Estados Unidos.

O último espécime conhecido morreu no Zoológico de Cincinnati, em 21 de fevereiro de 1918; mas consta na natureza por volta de 1920, na Florida.

Pomba- migratória (Ectopistes migratorius)

Nenhum caso de extermínio é mais dramático do que este,Calcula-se que no inicio do século passado, deveria haver só nos Estados de Kentucky, Ohio e Indiana 5 bilhões de pombas. A Ectopistes foi, provavelmente, a mais numerosa espécie em todo o mundo. Por volta de 1806. Alexander Wilson, considerado o pai da Ornitologia americana, estimou um bando em 2.230.272.000 aves. Bandos como esses escureciam o céu ao longo de vários quilômetros de extensão os padres jesuítas, em suas narrativas, diziam que eram tão abundantes como os peixes .

A pomba-migratória não foi exterminada em um dia ou em um ano. Sua caça começou quando o homem branco chegou à América. Primeiramente, em função da busca de alimentos; com o passar do tempo e com desenvolvimento do país, três eram os principais motivos da caça: o esporte, a defesa das plantações e a procura de sua carne como alimento. O mercado de NY, por exemplo, chegava a receber cem barris de pombas por dia.

O fato de as pombas viverem e reproduzirem em bandos facilitava o extermínio movido pelo homem, valia tudo: desde armas de fogo, paus, pedras, fogo, até enormes armadilhas com redes, para as quais as aves eram atraídas.

Centenas de pessoas viviam da caça as pombas, o mercado era vantajoso e estimulante. Os caçadores chegavam a ser avisados, através do telegrafo, do local onde as pombas estavam.

As áreas de produção ocorriam nos Estados do Nordeste e Leste americano. Quando havia alimentos em abundância nas matas, formavam bandos enormes; quando não, dividia-se em pequenos grupos.

Provavelmente, a última grande área de nidificação ocorreu em 1878, em Michigan e estimou-se essa área em cerca de 50Km de comprimento, por 8 a 10km de largura. A matança foi brutal. Caçadores chegaram a exterminar mil exemplares por dia os trens carregaram, durante varias semanas, dezenas de barris de pombas. Um barril poderia conter quinhentas aves, entre adultos e filhotes.

Com essa destruição implacável, o número decresce rapidamente. A espécie praticamente não conseguia criar os filhotes. O último espécime morreu no Zoológico de Cincinnati, às 13h do dia 1 de setembro de 1914, era uma fêmea, e seu nome era Martha.

O Brasil e as Aves

Existem hoje no mundo cerca de 8.650 espécies de aves, sem contar as subespécies. Estão divididas – a divisão varia de autor para autor – em 27 ordens e 175 famílias. No Brasil, segundo Rolf Grantsau, ocorrem 22 ordens, 97 famílias, 674 gêneros e 1.562 espécies. Levando-se em conta as subespécies, o total seria de 2.776 formas de aves diferentes.

Os Estados Unidos tem cerca de 850 espécies e toda a América do Sul, aproximadamente 2.700 espécies. O Brasil talvez só perca para a Colômbia, pois esta além da fauna Amazônica, conta também com a fauna andina. Todavia, não há contagens recentes, e é bem provavelmente que na Colômbia ocorram menos subespécies.

Embora possa ser considerado o país das aves, o Brasil até a presente data não tem oficialmente uma ave símbolo. O professor Helmut Sick, em seu livro Ornitologia brasileira, chega sugerir que se adote com tal a Ararajuba ou Graruba (Aratinga guarouba). Esse psitacídeo só ocorre no Brasil, nos Estados do Maranhão e Pará. Sua plumagem é verde-amarela. A sugestão não deixa de ser interessante, tanto mais se levar em conta que, desde o descobrimento, o Brasil é conhecido como a "Terra dos Papagaios".

Figura 03 – Ararajuba (Guarouba guarouba) Ave símbolo do Brasil com corpo amarelo e porçao distal das asas na cor verde

O dia Ave é comemorado em todo o Brasil em 5 de outubro (Decreto 63.234 de 12 de setembro de 1968). Em seu Artigo 2º, este decreto estabelece que "como ave símbolo representativa da fauna ornitológica brasileira, o Sabia-laranjeira servirá de centro de interesse para as festividades do dia instituído". O dia da ave no Brasil é devido aos esforços dos senhores Johan Dalgas Frisch, Guilherme Machado Kawall e Wilson Mendonça da Costa Florim, todos na época, integrantes da diretoria da Sociedade Ornitológica Bandeirante.

Os descobrimentos marítimos não foram importantes somente para as grandes monarquias da Europa pelo seu aspecto econômico e político. Para as ciências representaram o nascimento de uma nova Geografia. A terra afinal, era realmente redonda. Novas constelações ficaram conhecidas, novos povos e também uma rica fauna foram descobertos em lugar dos monstros e sereias imaginários.

As primeiras referências, às aves brasileiras estão na Carta de Pero Vaz de Caminha a Dom Manuel. Mas existe muita dificuldade em identificar essas aves. Oliveira Pinto, em seu trabalho "Notas sobre as Aves mencionadas por Pero Vaz Caminha" In Papéis Avulsos do Dep de Zoologia, São Paulo, Vol II, nº 9. Salientou essas dificuldades. Afinal, o escrivão-mor não estava preocupado com a Historia Natural, e praticamente na há descrições. Quando há, são superficiais e insuficientes. Além disso, os nomes são dados por comparação com aves européias, o que nem sempre facilita a identificação.

Na carta de 22 de abril, quando ainda no mar, Caminha dizia: "Pela manhã, topamos aves a que chamam fura-bruxos e nesse dia, à hora das vésperas, houvemos vista da terra" Ainda hoje no Brasil, algumas espécies de aves marítimas da família

Procellarridar são conhecidas da pelo nome popular como Fura-bruxo.

A Maioria das passagens diz respeito a papagaios, mas inúmeras citações a aves encontradas são encontradas em diversas partes da referida carta.

Os Psitacídeos foram sem duvida s que mais chamaram atenção. Por isso, não é estranho que em um Atlas de cerca de 1500 o Brasil seja chamada de Terra dos Papagaios – Brasilia sive terra papagallorum.

Obviamente, os portugueses tiveram grande influência no nome vulgar das aves brasileiras. O caso mais interessante talvez seja o Canário-da-terra. Supõe-se que o nome tenha sido dado por oposição aos canários de cor que vinham de Portugal e eram chamados de canários-do-reino. Como também aqui havia um pássaro parecido e bom cantor. Estabeleceu-se a distinção pelo nome: canário-da-terra, isto é canário da terra do Brasil.

Com o descobrimento de outras terras, era normal que se navegantes, ao regressarem, levassem animais como prova viva da descoberta e para mostrar as diferenças existentes entre os dois mundos. Assim fizeram os portugueses, e o mesmo já havia ocorrido nas viagens de Colombo.

O interesse por aves raras sempre existiu. Conta que em 1511 um mercante bretão esteve no Brasil e levou, além de índios escravizados, 5mil toras de pau-Brasil e 22 tuins e 15 papagaios. Havia um bom motivo para isso. Sabe-se por exemplo, que os papagaios eram mais valiosos que o Pau-Brasil – enquanto este cotado a 1 ducado o quintal (antigo peso de quatro arrobas), os papagaios provavelmente do tipo "grande e formoso" valiam 6 ducados cada um.

Os papagaios não iam apenas para Portugal. Desde meados do séc XVI a Inglaterra já os importava da Espanha.O total de aves importadas no período citado foi 442 mil de acordo com os documentos declarados.

Em 1973 foi oficializada pelo instituto brasileiro de desenvolvimento Florestal (IBDF) uma lista de espécies ameaçadas de extinção. Esta é atualizada, infelizmente, com freqüência. A Lista atual tem 153 aves em extinção.

As aves são classificadas de três maneiras diferentes conforme o critério que adotamos:

- - Grau de domesticação;
- - Classificação biológica das espécies;
- - Classificação oficial da *"American Poultry Association Standart of Perfection"*;

Grau de domesticação – entende-se por domesticado, o animal que, possuindo utilidade econômica, reproduz-se livremente sob os cuidados do homem. As aves são divididas em domesticadas, semi-domesticadas e selvagens.

As domesticadas são:

Galinhas	Pavões
Patos	Perus
Marrecos	Angulistas
Gansos	Avestruzes
Pombas	Pássaros ornamentais

As Semi-Domesticadas (aves de caça):

Faisões	Gansos
Codornas	Patos

Classificação biológica das espécies – a classificação biológica, refere-se ao esquema geral da classificação das espécies.

Exemplo: Galinha

Filo	Chordata
Subfilo	Vertebrata
Classe	Aves
Subclasse	Neornithes
Super ordem	Neognathae
Ordem	Galliformes
Subordem	Galli
Família	Phasianidae
Subfamília	Phasianinae
Gênero	*Gallus*
Espécie	*Domesticus*

Segundo os conceitos modernos as aves subdividem-se em 27 ordens:
- **Reino:** Animal
- **Filo:** Vertebrados
- **Classe:** Aves
- **Subclasse Archaeonirthes:**
  aves ancestrais do Jurássico superior, Arqueoptérix.
- **Subclasse Neonirthes:**
  aves verdadeiras, do Cretáceo a recente.

- **Superordem Odontognathae:**
  aves a com dentes, do Novo mundo.
- **Ordem Hesperornithiformes:**
  especializada para a natação, do Cretáceo superior.
- **Ordem Ichthyornithiformes:**
  semelhante à gaivota, do Cretáceo superior.
- **Superordem Neognathae** – aves típicas, sem dentes.
- **Ordem Tinamiformes** – Inhambu e Macuco.
- **Ordem Rheiformes** – Ema, do Mioceno recente.
- **Ordem Struthioniformes**
  Avestruz, aves andadoras, do Mioceno a recente.
- **Ordem Casuariiformes**
- Casuar e Emú, do Plioceno a recente.
- **Ordem Aepyonithiformes**
- sem capacidade de vôo, recente, mas extinta.
- **Ordem Dinornihiformes** – Moa e Kiwi.
- **Ordem Shenisciformes** – Pingüim.
- **Ordem Procellariiformes** – Albatroz e Procelária.
- **Ordem Pelacaniformes**
  Pelicano, Biguá, Mergulhão e Atobá.
- **Ordem Anseriformes** – Pato, Ganso e Cisne.
- **Ordem Falconiformes**
  Urubu, Abutre, Gavião, Falcão e Águia.
- **Ordem Galliformes** – Tetraz, Perú, Faisão e Codorna.
- **Ordem Gruiformes** – Grow, Saracura, e Galinha d'água.
- **Ordem Charadriiformes**
  Ave ribeirinha, aquática e Gaivota.
- **Ordem Gaviformes** – Gavia immer.
- **Ordem Columbiformes** – Pombo.
- **Ordem Psittaciformes** – Papagaio.
- **Ordem Cuculiformes** – Cuco e Anu.

- **Ordem Strigiformes** – Coruja.
- **Ordem Caprimulgiformes** – Bacurau e Curiango.
- **Ordem Apodiformes** – Andorinhão e Beija-flor.
- **Ordem Coliiformes**
  pequenas e semelhantes a passarinhos.
- **Ordem Trogoniformes** – Surucuá.
- **Ordem Coraciiformes** – Martim pescador e Arimbá.
- **Ordem Piciformes** – Pica-pau, Tucano e Araçari.
- **Ordem Passeriformes**
  Passarinhos, com 4 subordens e 69 famílias;

Para as outras aves domesticadas ou semi-domesticadas, temos os seguintes nomes latinos:

Peru	*Meleagris gallopavo*
Ganso	*Anser anser*
Marreco	*Anas boschas*
Pato	*Cairina moschata*
Faisão	*Phasianus colchicus*
Pavão	*Pavo cristatus*
Angulista	*Numida meleagris*
Pomba	*Columbia livia*
Cisne	*Cygnus columbianus*
Avestruz	*Struthio camelus*
Codorna	*Coturnix coturnix*

Os nomes das espécies domesticadas e semi-domesticadas

Classificação da "América Poultry Association Standard of Perfection"

Esta classificação foi feita pela primeira vez no ano de 1870, quando reuniu 86 linhagens e 235 variedades. Hoje são

Classificação Comercial

classificadas 280 variedades (incluindo galinhas, perus, gansos, patos e marrecos).

Estas 280 variedades de aves estão agrupadas em 15 classes. As quatro classes de maior importância econômica, conforme a origem geográfica são:

Americana

As aves pertencentes a este grupo desenvolveram-se na América do Norte e têm como características principais a pele amarela, brincos vermelhos, ovos vermelhos, tamanho médio e pernas desprovidas de penas. Como principais representantes deste grupo estão a New Hampshire, Rhode Island Red, Plymouth Rock e a Wiandotte.

Inglesa

As linhagens inglesas originárias da Inglaterra possuem a pele branca (com exceção da Cornish) brincos vermelhos, ovos vermelhos (com exceção das Redcaps e Dorkings), tamanho médio ou grande e com pernas desprovidas de plumas. Pertencem a este grupo a Cornish, Orpington, Australorp, Sussex, Dorking e Redcap.

Mediterrânea

Têm sua origem nos países mediterrâneos, sendo suas características principais, a pele amarela, brincos de cor branca, ovos brancos, tamanho pequeno e pernas desprovidas de penas. A mais conhecida é a Leghorn além da Ancona, Minorca e Andaluza azul.

Asiática

Originárias da Ásia, com pele amarela (exceção da Langshan), brincos vermelhos, tamanho grande e pernas cobertas por penas. São representantes deste grupo as linhagens Brahma, Cochin e Langshan.

As outras onze classes constantes da "American Standard of Perfection", são: Hamburguesa, Miscelânea, Continental, Bantam, Polonesa, Marrecos, Francesa, Gansos, Game, Perus, Oriental.

Evolução da avicultura

Segundo os historiadores o início da domesticação da galinha deu-se no continente asiático. Essa galinha, domesticada, primeiramente foi utilizada como animal de briga ou como objeto de ornamentação e somente no final do século XIX sua carne e os seus ovos passaram a ser apreciados. O início do século XX as encontrou a tal ponto valorizado que chegaram a representar uma fonte de renda adicional, tanto nos sítios como nas fazendas. Estimulados pelo aspecto econômico, os avicultores começaram a tentar novos acasalamentos entre raças diferentes, visando o aprimoramento da espécie.

No Brasil, o inicio da domesticação das aves, pode ser descrita com a criação dos Índios Nativos com a criação dos "Xerimbabos" ave ornamental (papagaios, araras, periquitos,...) que segundo as crenças traziam proteção para a oca que as tinham, historicamente os primeiros registros oficial da introdução de galinhas no Brasil, foi pelos portugueses, no início do século XIV. Nessa época ainda eram criadas soltas nos quintais ou nos arredores das casas, e se alimentavam com restos de comida caseira, grãos, insetos e outros bichinhos.

1500 – Primeiros navegadores trouxeram as primeiras galinhas para o Brasil, D. João VI, foi tido como patrono da produção de frangos no Brasil. Origem da "Canja" - sopa feita com pedaços de carne de galinha - prato tipicamente brasileiro e fornecido, como alimento leve, as pessoas enfermas;

De 1900 a 1930 – Período Romântico – Caracteriza-se pela importação das primeiras galinhas da raça pura, sendo a Minorca (ave ornamental), no Brasil – criação precária, constituída de poleiros sob ripado coberto com palhas; Criação como passa tempo e não para auferir lucros, resultando nos primeiros cruzamentos sem conhecimento técnico apenas como forma de distração e curiosidade;

De 1930 a 1960 – Período Comercial – Trata a avicultura com base comercial. Um dos pioneiros da avicultura em larga escala no Brasil foi Charles Toutain, engenheiro agrônomo francês, proprietário da granja Mandi, que introduziu várias práticas modernas em nosso meio. Nessa granja, em Itaquaquecetuba (SP), ele manteve produtores de boas linhagens, alta produção de ovos e incentivou a criação de galinhas pelo fornecimento das famosas "quinas - quatro galinhas e um galo - ". Seu grande galinheiro "Alexandre" construído em 1928 tinha 70m por 4,5m e lotação de 800 poedeiras de primeiro ano; o "Bonaparte" de 1929 abrigava 1000 poedeiras e tinha 70m por 5m. O "César" construído em 1934-35 tinha 60m por 8,5m e abrigava 1200 poedeiras. Outros pioneiros que vieram após Toutain foram Carlos Aranha e Luís Emanuel Bianchi, além de avicultores com empresas menores como o doutor Oswaldo de Sequeira, do Rio de Janeiro, que escreveu amplamente sobre a criação de galinhas e traduziu a Cartilha Avícola, de Biedma, incorporando muito de sua experiência. Outra publicação que não deve ser esquecida é a revista "Chácaras e Quintais", criada e dirigida por Amadeu Barbiellini, assim como "O Campo" de Eurico Santos. Em 1941 – Primeira fabrica de rações atendendo os avicultores – tecnologia importada; Após a Segunda Grande Guerra a modernização da avicultura industrial americana, com a adoção do uso de híbridos, das linhagens muito refinadas e do confinamento estrito, repercutiu em São Paulo pelo esforço da Cooperativa Agrícola de Cotia.

De 1960 a 1970 – Período Industrial –ocorreu à implantação de novas técnicas no Brasil com a vinda de firmas produtoras de linhagens de alta qualidade dos E.U.A. Todo esse desenvolvimento ocorrido para a modernização da avicultura brasileira só foi possível também graças à criação do Instituto Biológico (SP) que fez estudos completos das doenças que aqui dificultavam ou impediam a criação em larga escala. Ele identificou e erradicou a pulorose. Mais tarde, o Departamento da Produção Animal, hoje Instituto de Zootecnia, deu valiosa contribuição no que se refere ao manejo das aves, suas instalações e seu arraçoamento. Outro núcleo que se desenvolveu com muito brilho foi o da Escola Superior de Agricultura Luiz de Queiroz, em Piracicaba. Unidos os esforços de todos esses órgãos foi possível a introdução das matrizes de grande produtividade e das técnicas de criação descobertas após a Segunda Guerra Mundial.

Em 1970 aos dias atuais – Período Super Industrial – Nossos técnicos e cientistas na área, utilizam a própria tecnologia, diferenças climáticas, topografias; características regionais são respeitadas;

Animais abatidos e peso total das carcaças, segundo os meses de 2003 – Brasil.

MESES	BOVINOS		SUINOS		FRANGOS	
	Nº de cabeças abatidas (mil cab.)	Peso total das carcaças (t)	Nº de cabeças abatidas (mil cab.)	Peso total das carcaças (t)	Nº de cabeças abatidas (mil cab.)	Peso total das carcaças (t)
Janeiro	1 806	417 226	1 963	161 859	274 863	524 965
Fevereiro	1 727	398 039	1 852	153 384	251 870	477 872
Março	1 780	412 291	1 830	152 610	259 223	496 589
Abril	1 682	390 756	1 807	153 095	256 285	501 623
Maio	1 795	416 135	1 889	161 973	268 081	542 042
Junho	1 666	384 066	1 844	160 111	254 040	506 740
Julho	1 746	399 349	2 004	173 686	280 085	552 899
Agosto	1 721	393 231	1 821	157 194	266 807	520 703
Setembro	1 823	418 886	1 796	155 693	273 764	529 082
Outubro	2 007	460 556	2 069	179 453	292 904	569 112
Novembro	1 839	420 233	1 784	152 479	270 748	526 098
Dezembro	2 058	468 624	1 840	151 815	285 810	544 325
Total	21 652	4 979 393	22 501	1 913 353	3 234 482	6 292 049

Fonte - IBGE/DPE/DEAGRO

Produção de Carne de Frango, segundo os meses 2003 – Brasil:

Mês	Produção brasileira de Carne de Frango (em Mil Toneladas)				
	1999	2000	2001	2002	2003
JAN	447,0	493,1	527,0	593,8	630,7
FEV	448,5	507,7	470,2	529,8	634,3
MAR	426,7	497,4	526,1	619,9	608,1
ABR	436,3	493,4	506,6	610,4	604,0
MAI	457,2	495,2	532,4	629,5	626,0
JUN	464,3	488,0	525,4	623,6	633,1
JUL	476,9	480,9	559,8	645,1	642,2
AGO	473,2	475,5	572,2	640,6	691,4
SET	484,0	491,2	569,9	601,1	713,8
OUT	475,0	495,4	593,7	625,3	680,1
NOV	468,3	517,4	578,5	651,7	688,4
DEZ	468,6	545,4	605,4	677,6	690,3
Total	5.526,0	5.980,6	6.567,2	7.449,0	7.842,9

Fonte: U.B.A. / A.P.I.N.C.O.

Produção de ovos de galinha, mensalmente no ano de 2003 – Brasil:

MESES	(MIL DÚZIAS)
Janeiro	148 748
Fevereiro	139 853
Março	152 350
Abril	152 063
Maio	154 564
Junho	150 651
Julho	155 979
Agosto	156 326
Setembro	153 786
Outubro	156 294
Novembro	151 264
Dezembro	155 976
Total	1 827 852

Fonte - IBGE/DPE/DEAGRO

Mercado de Frangos (em Bilhões de Unidades)

PRODUÇÃO	1990	1998	1999	2000	2001	2002	2003	2004(**)
Mundial	24,4	40,2	43,4	45,8	47,6	49,1	49,0	
	27	34	12	00	18	69	95	50,500
Brasil	2,35	4,49	5,13	5,73	6,73	7,44	8,04	
	6	8	9	2	6	9	5	8,450
Brasil %	9,6	11,2	11,8	12,5	14,1	15,1	16,4	16,7

** Estimativa de mercado
Fonte: USDA

IMPORTAÇÃO	1990	1998	1999	2000	2001	2002	2003	2004(**)
Mundial	1,653	3,555	3,986	4,029	4,391	4,389	4,486	4,600
Brasil	0	0	0	0	0	0	0	0

** Estimativa de mercado
Fonte: USDA

Mercado de Frangos (em Bilhões de Unidades)

EXPORTAÇÃO	1990	1998	1999	2000	2001	2002	2003	2004(**)
Mundial	2,177	4,196	4,462	4,868	5,607	5,334	5,556	5,800
Brasil	0,299	0,613	0,771	0,916	1,249	1,600	1,760	1,850
Brasil %	13,7	14,6	17,3	18,8	22,3	30,0	31,2	31,9

** Estimativa de mercado
Fonte: USDA

Mercado de Ovos (em Bilhões de Unidades):

PRODUÇÃO	1990	1998	1999	2000	2001
Mundial	509,865	695,281	762,077	772,919	796,277
Brasil	13,453	13,636	14,768	14,814	15,555
Brasil %	2,64	1,96	1,94	1,92	1,95

Fonte: USDA

IMPORTAÇÃO	1990	1998	1999	2000	2001
Mundial	4,192	5,296	5,326	5,304	5,284
Brasil	0	0	0	0	0

Fonte: USDA

EXPORTAÇÃO	1990	1998	1999	2000	2001
Mundial	5,488	8,052	7,924	7,632	7,630
Brasil	0,004	0,007	0,024	0,030	0,035
Brasil %	0,007	0,009	0,303	0,393	0,459

Fonte: USDA

✓ *Participação Alta do PIB (Produto Interno Bruto)*

✓ *Responsável pelo Crescimento da Agricultura*

✓ *Características nutricionais da avicultura;*

Composição Nutricional do ovo (60,8g):

NUTRIENTES	inteiro	Clara	Gema
Água	65,5	49,0	87,8
Sólidos (g)	13,40	3,57	10,00
Proteína(g)	6,38	3,13	3,18
Calorias (C)	97,00	18,00	79,00
Lipídeos (g)	6,52	-	6,71
Colesterol (g)	0,26	-	0,27

Fonte: Adaptada de Lana (2000)

Composição Nutricional da carne de frango (100g):

Composição Nutricional	
Valor Calórico	203 Kcal
Carboidratos	0g
Proteínas	20,0g
Gorduras Totais	15,0g
Fibra Alimentar	0g
Cálcio	168mg
Ferro	1,03mg
Sódio	76mg
Vitamina	B_1 e B_2

Fonte: Sadia

Contribuição da Carne de Aves as Necessidades Nutritivas Diárias

NUTRIENTES	100g de carne de frango	% necessária diária por um adulto médio
Calorias	115 cal	5%
Proteínas	20,00g	29%
Cálcio	8,00g	1%
Fósforo	218 mg	18%
Ferro	1,4 mg	14%
Tiamina	0,5 mg	5%
Riboflavina	16 mg	10%
Niacina	7,4 mg	44%

Fonte: Malavazi

✓ **Consumo Per Capita dos produtos avícolas:**

Consumo per capita de ovos

CONSUMO	1999	2000	2001
Mundial	729,389	739,994	763,231
Brasil	14,744	14,784	15,520
Brasil %	2,021	1,998	2,033
per capita	89	94	94

Fonte: USDA

Consumo per capita de Frango

CONSUMO	2001	2002	2003	2004*
Mundial	46,352	48,224	48,030	49,500
Brasil	5,487	5,849	6,285	6,600
Brasil %	11,8	12,3	13,1	13,3
Brasil - per capita (Kg/ habitante/ano)	31,8	33,7	35,1	36,2

** Estimativa de mercado
Fonte: USDA

✓ *Formas de desenvolvimento da avicultura:*

Evolução do desempenho de linhagens de frangos de corte e Postura

ANO	Corte-Kg	Postura-Kg	Idade
1930	1,500	3,500	15 sem.
1960	1,600	2,250	8 sem
1970	1,800	2,000	7 sem
1984	1,860	1,980	45 dias
1989	1,940	1,960	45 dias
2001	2,240	1,780	41 dias

Fonte: Adaptado APA in Avicultura Industrial

Evolução Zootécnica do frango de Corte nas ultimas décadas:

ANO	Peso Vivo	Conv Aliment	Idades
1930	1,500	3,50	15 sem
1940	1,550	3,00	14 sem
1950	1,800	2,50	10 sem
1960	1,600	2,25	8 sem
1970	1,700	2,00	7 sem
1980	1,800	2,00	7 sem
1990	1,940	1,96	45 dias
2000*	2,240	1,78	41 dias

Fonte: Aves & Ovos / *Previsão APA.

Evolução Zootécnica da Poedeira das ultimas décadas

ANO	Ovos / Ano	Peso Ovo (g)	Kg de ração / dz Ovos
1930	120	54	3,25
1940	182	53	2,50
1950	219	54	2,06
1960	237	56	1,92
1970	255	57	1,77
1980	292	58	1,58
1990	304	57	1,50
2000*	318	57	1,40

Fonte: Aves & Ovos / *Previsão APA.

✓ *Estrutura da indústria avícola*

- *Empresa Produtora das Linhagens – Geneticistas;*
- *Avozeiros - reprodutores de raças puras;*
- *Matrizeiros;*
- *Incubatórios;*
- *Produção de Pintos de um dia;*
- *Produtores de Frango de Corte;*
- *Empresas Integradoras;*
- *Produtoras de Ovos;*
- *Fabricantes de Ração;*
- *Abatedouros; Industria de Processamento de Carnes;*

✓ **Avicultura comparada às demais Explorações Zootécnicas:**

- *Tempo de Criação – ciclo de produção rápido;*
- *Alta capacidade de converter alimentos de origem vegetal para proteína animal com alto valor nutritivo;*
- *Pequena are de implantação*
- *Alta capacidade de rendimento por are*

- *Produzido em todos os paises do mundo;*
- *Fácil aquisição – Grande disponibilidade mo mercado e custo recozido para o consumidor final;*

Consumo Per capita (Kg) de carnes no Brasil

ANO	BOVINOS	FRANGOS	SUÍNOS
1970	26,7	4,0	7,6
1980	24,8	8,9	8,2
1990	26,3	14,0	6,8
2000	26,6	26,7	7,0

Fonte: Lana

Condições climáticas ou ambientais

Destacando que o meio ambiente é de primordial importância e três fatores se destacam na sua composição:

Temperatura do ar: Sabemos que a temperatura ambiente, muito alta ou muito baixa, do nível médio tolerante pelas aves, tem influencia direta no desenvolvimento das mesmas. Assim regiões comumente quentes, ou frias, os lotes tem os efeitos deste fator negativamente na rentabilidade dos mesmos. Devemos evitar, seguindo recomendações de pesquisadores, granjas em locais onde a temperatura oscile muito fora da faixa de 14° a 25°C, no maior numero de dias em um ano.

Umidade Relativa do Ar: Igualmente importante, a umidade relativa do ar deve se manter em media 80%UR. Esta deve ser conferida regularmente e quando necessário e possível regulada artificialmente, a presença de borrifadores, ventiladores, ... nos galpões em algumas situações é recomendada;

Velocidade do Ar: Deve-se evitar locais onde ocorrem ventos frios e fortes com freqüência. Essa condição dificultara o manejo da aeração dentro do galpão, alem de exigir construções mais sólidas e resistentes. Como regra deve-se

51

evitar topos de montanhas por exemplo. O manejo adequado das cortinas poderá auxiliar no controle da ventilação dos galpões

Condições básicas de infraestrutura e de logística

Antes da instalação propriamente dita deve-se observar vários outros fatores:

Escoamento da Produção: A Avicultura visa ao lucro. O primeiro requisito, portanto, é garantir o escoamento da produção a preços condizentes com o custo da mesma. Desnecessário é lembrar que uma pesquisa de mercado é indispensável. É certo de que nada adiantará atendermos os outros aspectos, se não garantirmos a colocação da produção.

Estradas e Vias de acesso: Estradas e vias de acesso, trafegáveis ate a propriedade, são no mínimo indispensáveis. Sabemos serem não só o pinto de um dia como as aves adultas, produtos delicados, cuja distribuição exige transporte rápido, com relativo conforto e cuidados devidos. Portanto, a melhor recomendação é a de estabelecer a granja em locais servidos por vias – de preferência asfaltadas – de fácil acesso e transitáveis também por períodos chuvosos.

Fornecimento de Energia: O fornecimento de energia para avicultura moderna é outro fator de suma importância. É conhecida a existência de granjas em regiões onde não há fornecimento de energia elétrica, entretanto conseguiu-se driblar com a substituição da energia elétrica por Energia Solar, Eólica, entre outras. A importância do fornecimento de energia pode ser citada nos transtornos que a falta dela pode causar, como na impossibilidade de aquisição de comedouros automáticos, maior período para obtenção do peso das aves, uma vez que impossibilita o sistema de iluminação artificial, principalmente noturna; substituição para o sistema de campânula para o aquecimento dos pintinhos; ocasionando um aumento na mão de obra para o atendimento dos serviços de rotina da granja.

Abastecimento de Água: Ponto de fundamental importância. As necessidades diárias de água pelas aves, não só se restringe na quantidade, que geralmente é o dobro de sua alimentação, mas principalmente na qualidade desta água. Ainda também atender as necessidades para a manutenção da higiene geral do aviário e a utilização diária de atividades corriqueiras. O fornecimento abundante de água num aviário é indispensável.

Topografia: Uma das vantagens da avicultura é a utilização de terras onde outro tipo de exploração agrícola seja impraticável, entretanto deve se atentar para os gastos, com serviço de terraplanagem em terrenos com geografia muita acidentada deve ser evitados. Deve-se preferir terrenos com pouco declive, pois não exigiram grandes deslocamentos de terra e facilita os trabalhos no aviário, nos serviços de distribuição dos galpões, manejo sanitário, ...

Tipo de Solo: Sob o ponto de vista de sanidade, vêem-se, em alguns deles, certas condições desejáveis. Assim, solos do tipo argiloso – pesado – dificultam a penetração das águas das chuvas e resultam na formação de poças de água. É provável que essas se contaminem e, conseqüentemente, constituam-se fontes de microorganismos patogênicos. Contrariamente solos silicosos, leves, ou solos sílico-argiloso, são tanto mais permeáveis à água das chuvas quanto maiores forem às características arenosas.

Mão-de-obra: Há existência de mão-de-obra de fácil aquisição e de boa qualidade faz com que as contas finais sejam reduzidas. A existência de Assistência técnica, Veterinários, eletricistas, encanadores, mecânicos, ... Disponível para atender a qualquer emergência que possa ocorrer deve ser sempre levado em consideração.

Presença de rede telefônica: Com a presença de uma rede telefônica uma serie de benefícios estarão garantidos: Pronto atendimento em casos de emergência, contato com fornecedores de pintainhos, ração, contato com os consumidores, entre outros contatos imediata, de curta e longa distancia, alem do recurso atual da internete, informações nacional e mundiais sobre o mercado e as atuais novidades do mercado.

Distribuidor de Ração: A proximidade dos fabricantes ou distribuidores de ração do local da granja é desejável. Assim, tem-se a vantagem da diminuição dos custos de frete, bem como da possibilidade de receber o produto mais rápido, resguardando as possíveis deteriorações. Deve se realizar uma pesquisa para ter real conhecimento da idoneidade deste fabricante.

Fornecedores de Pintos de 1 dia: A preferência de fornecedores próximos ao aviário se faz necessário para diminuir o stresse da viagem, assim receber pintos em melhores condições. Mas sempre respeitando a idoneidade do fornecedor.

Aproveitamento da venda do esterco: Visando diminuir ao Maximo o desperdício e obter maior lucro, deve-se procurar vender o esterco e a cama quando já usada e descartada do galpão, pois a mesma geralmente feita de produto orgânico e junto aos excrementos das aves, quando em decomposição forma excelente composto orgânico.

Condições de infra-estrutura produtiva

Rede de esgoto e canais de drenagem: Uma rede de esgoto devera ser construída para conduzir as águas dos bebedouros e as águas usadas durante a lavagem de galpões e equipamentos. Esta rede, devera ser construída com manilhas de barro, cimento ou similares, em tubulação fechada, indo desembocar no mínimo a 20 metros dos galpões. Localizada em paralelo com uma das paredes laterais do galpão e a uma distancia de aproximadamente 3 metros do mesmo.

Os canais de drenagem que servirão para conduzir as águas das chuvas aos lugares mais baixos, sem provocar erosão, deverão ser construídos de tijolos ou outro material, localizado ao lado do galpão, devendo estar a

80centimetros mais baixo que o chão e possuir uma caída de 3,5cm em cada 10 metros de comprimento.

Captação e reservatório de água: A água devera ser captada de preferência de poço artesiano ou rede hidráulica do município. Caso se use uma fonte natural d'água, certificar se é potável. O reservatório ou caixa d'água central devera estar localizado no ponto mais alto do aviário. A sua capacidade vai depender do numero de aves, da temperatura ambiente, da vazão da fonte e do tipo de bebedouro (de água corrente ou de bóia).

Rede de Instalações Elétrica: A rede de energia elétrica deverá fornecer energia suficiente para lâmpadas de iluminação dentro do galpão, para o motor do misturador de ração, para bomba d'água, para comedouros mecânicos, ... A fonte de energia usada poderá ser externa ou de gerador próprio da granja, desde que o material seja de qualidade e não possua ligações clandestinas - as famosas gambiarras tem que ser evitadas.

Pedilúvius para pessoas e Rodoluvius para veículos: Os pedilúvius são depósitos rasos de cimento com a finalidade de desinfetar os calçados das pessoas e veículos que entram e saem no galpão ou aviário. Devera ser construído pedilúvius para pessoas em cada porta de entrada do galpão, no portão principal da granja, na porta de entrada para o escritório, na porta de entrada do deposito de ração, etc, com profundidade de 10 a 15cm e sua largura devera ser suficiente para impedir que as pessoas saltem por cima. Os rodoluvius para veículos deverão ser instalados no portão principal da entrada da granja, com profundidade tal que seja suficiente para cobrir o pneu e o aro da roda e comprimento suficiente para que cada roda dê no mínimo uma volta completa dentro do desinfetante.

Depósito de ração: O depósito de ração, devera ser localizado, de preferência próximo ao escritório e possuir pé-direito alto para permitir boa ventilação; suficientemente grande para armazenar milho em saco durante um ano, ou armazenar ração pronta por um período de duas semanas no mínimo para todo o plantel.

É aconselhável que em um dos lados do deposito se construa uma plataforma de descarga para os caminhões de entrega de rações prontas, e do lado oposto outra plataforma para uso exclusivo de veículos da granja. O deposito poderá possuir também uma sala especial para se fazer pré-misturas de vitaminas e minerais, caso se fabrique a ração na granja.

Residência do encarregado e trabalhadores: Tanto a residência do encarregado da granja como dos trabalhadores deverão ser construídas fora da área delimitada para os galpões de criação, em local acessível e próximo ao escritório e deposito de ração.

Quebra-ventos: Os quebra-ventos que tem função de proteger os galpões com as aves, dos ventos frios e fortes, deverão estar a uma distancia de pelo menos 100 metros dos galpões, para não impedir a ventilação. Poderão ser formados por espécies vegetais de crescimento rápido, caso forem instalados durante ou após a construção da granja.

Gramados: Deverão ser instalados em toda a área delimitada para os galpões e também no espaço circundante entre os galpões e a cerca divisória, com a finalidade de impedir a erosão do solo causada pela água da chuva, bem como reter o calor.

Cercas protetoras: Devera ser construída uma cerca, de arame farpado ou pau-a-pique delimitando toda a propriedade, como também poderá ser instalada uma outra cerca de tela de arame com altura de um metro circundando os galpões, sendo esta distancia no mínimo de 100m dos mesmos. As finalidades desta cerca são para delimitar a propriedade, evitar a passagem de predadores na área ocupada pelos galpões, dificultar ao maximo a passagem de pessoas por qualquer área, obrigando-as a usar o portão de acesso, passando pelos pedilúvius.

Fosso de Putrefação: O fosso de putrefação, ou fossa séptica, é um fosso subterrâneo revestido nos lados por tijolos, hermeticamente fechados, coberto com uma tampa de madeira ou laje de concreto de 10cm e com terra em cima e com uma abertura feita de manilha de 8 polegadas em media de largura, as vezes se utiliza um bujão de leite velho, através do qual as aves mortas são lançadas. Aproximadamente 3m3 são suficientes para 1000aves.

A finalidade deste fosso é evitar a contaminação de doenças às outras aves. Devera ser construído em lugar acessível, distanciando dos galpões de criação e dos reservatórios de água, obedecendo a distancia mínima exigida.

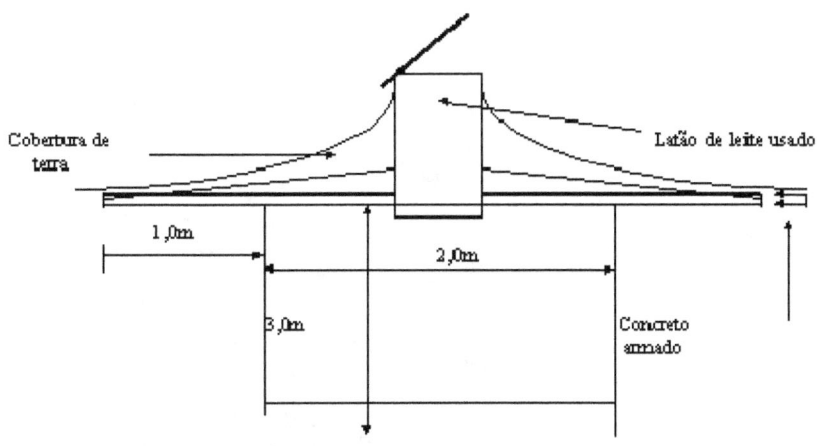

Figura 04 – Detalhe construtivo de um fosso de putrefação

Ruas: A granja devera possuir uma rua principal unindo as cabeceiras de todos os galpões onde estão as portas de descarga e ramificações para cada galpão que ira ate o deposito de ração e escritório. Elas terão uma largura mínima de 6m e devem ser construídas, se possível de cascalho para o livre transito de veículos em épocas de chuva, e possuir valetas para o escoamento das águas das chuvas.

Escritório: O escritório devera estar localizado em lugar alto, fora da área delimitada para os galpões e devera possuir duas salas no mínimo, uma para arquivar os registros de produção geral da granja e outra para receber visitas.

Junto ao escritório e imprescindível a construção de um banheiro, para os empregados e possíveis visitantes, com chuveiro e instalações sanitárias.

59

Conjunto de estudos e procedimentos que visam a evitar ou controlar os eventuais problemas suscitados por pesquisas biológicas e/ou por suas aplicações. É a implantação de um conjunto de normas sobre medidas preventivas necessários para proteger um rebanho. **Conceito**

Aspectos Sanitários

A produção avícola um empreendimento que requer investimento razoável cujo retorno é proporcional à habilidade do produtor de maximizar os ganhos e minimizar as fontes de perdas. Tanto quanto a alimentação e o manejo, a saúde do plantel é importante.

Aves doentes com ou sem sintomas visíveis, causam perdas à produção, além de comprometer a segurança do lote e dos plantéis circunvizinhos.

No Brasil, como em qualquer lugar do mundo, a necessidade da implementação de medidas de biossegurança no setor produtivo é cada vez maior. Uma vez que problemas sanitários graves podem comprometer a exportação de produtos avícolas, essas medidas devem ser adotadas tanto visando à obtenção de melhores resultados de produção quanto devido ao comprometimento do setor com a produção regional e nacional.

A biossegurança consiste no conjunto de medidas aplicadas em todos os segmentos da criação das aves, objetivando principalmente:

- Diminuir o risco de infecções e aumentar o controle sanitário dos plantéis;
- Minimizar a contaminação do ecossistema;
- Resguardar a saúde do consumidor do produto.

Os cuidados com a saúde das aves começam ainda na escolha do local para a construção do aviário e das linhagens que serão introduzidas na granja.

Conscientização: É fundamental a conscientização de todos os funcionários da granja quanto à importância e à necessidade do isolamento das instalações e da implantação de medidas rigorosas para reduzir a probabilidade de introdução de doenças.

Aquisição dos pintos: Adquirir pintos de incubatório idôneos, livres de micoplasmose, aspergilose e salmonelose, provenientes de matrizes com níveis adequados de anticorpos contra as principais doenças como: Gumboro, Bronquite Infecciosa das Galinhas, Newcastle, Encefalomielite, Coriza Infecciosa e Varíola.

Todos os pintos devem ser vacinados ainda no incubatório, contra a doença de Marek;

Localização do aviário: O aviário deve estar localizado em local tranqüilo, distante de outras criações e protegida por barreiras naturais e físicas, para evitar o livre acesso:

- Barreiras Naturais: Reflorestamentos com árvores não frutíferas, matas naturais, bem como a presença de

Principais Fatores Considerados

elevações topográficas, servem de barreiras sanitárias naturais, diminuindo o risco de contaminação entre as unidades avícolas e o estresse para as aves.

- Barreiras Físicas: As barreiras físicas servem para estabelecer os limites da granja e dos núcleos, para evitar o livre acesso de pessoas, veículos e animais. É feita pela colocação de cercas de tela.

- Dentro da granja devem ser delimitadas as seguintes áreas, considerando os graus de contaminação:

- Área limpa: Localizada nas imediações do aviário, junto às aves;

- Área de interface: Área intermediária, localizada entre a entrada da granja e o aviário, onde é feita lavagem e desinfecção de veículos, devendo existir um local para troca de calçados e roupas. Nessa área localizam-se silos, depósitos de gás, depósito de equipamentos;

- Área suja: Local fora da granja e por onde circulam dejetos e materiais considerados contaminados.

Distâncias mínimas recomendadas entre granjas: Estão determinadas na Instrução Normativa no 4/1998 do Ministério da Agricultura (MA), as distâncias mínimas a serem observadas entre a granja de matriz e outros estabelecimentos.

- Distância entre Granja e Abatedouro 5.000 m

- Distância entre Bisavozeiro e Avozeiro 5.000 m

- Distância entre Matrizeiros 3.000 m

- Distância entre Núcleos e Limites Periféricos da Propriedade 100 m

- Distância entre Núcleo e Estrada Vicinal 500 m

- Distância entre Núcleos de Diferentes Idades 500 m
- Distância entre Recria e Produção 500 m
- A distância mínima entre aviários do mesmo núcleo é o dobro da largura dos aviários;

Acesso à granja: Para circulação dentro da granja, providenciar diferentes acessos:

- Estrada limpa: para transporte de ração, aves e equipamentos;
- Estrada suja: para a retirada de camas e aves de cada núcleo.

Controle de entrada de pessoas, veículos, equipamentos e insumos: É necessário restringir e monitorar visitas, entrada de pessoas, veículos, insumos e equipamentos na granja.

- Para entrarem na granja, funcionários e visitantes, devem seguir normas estabelecidas pelo controle sanitário do aviário;
- Evitar contato com outros plantéis pelo menos três dias antes da visita;
- Fazer a troca obrigatória de calçados e roupas (se possível, adotar a prática de tomar banho) antes de entrar na granja, geralmente o aviário fornece botas, batas ou macacões, luvas, mascaras, óculos e gorros;
- Rigorosa limpeza e desinfecção devem anteceder a introdução de quaisquer equipamentos na granja.

Fluxo do trânsito interno da granja: O fluxo de acesso aos aviários deve ser respeitado, observando limites entre área limpa e suja.

- Considerar a idade das aves (visitar primeiro as mais jovens). Havendo suspeita de enfermidade em um lote, somente o funcionário e o veterinário responsável pela granja, poderão ter acesso a ele.

- Evitar trânsito de pessoas, animais e veículos próximo aos aviários;

- Todos os acessos ao aviário devem possuir um recipiente com solução desinfetante para que as pessoas desinfetem os calçados (pedilúvius). Onde houver trânsito de veículos, utilizar o rodolúvio;

- Proceder à desinfecção de veículos e todos os utensílios, antes de entrarem na granja;

- A entrega de ração deve ser feita no silo localizado na entrada da granja de onde será levada para os respectivos núcleos por graneleiros internos da granja.

- O carregamento das aves deve ser realizado por caminhões internos até a área de transferência, de onde serão transportadas por outro veículo, para fora da granja.

- Retirar esterco e maravalha, pelo acesso externo e a carga deve ser lonada para evitar possíveis "vazamentos".

É fundamental primar pela qualidade nutricional e microbiológica das rações. Ingredientes como farinhas de carne, vísceras, penas, ossos e peixes, têm apresentado alta freqüência de contaminação com agentes patogênicos, por isso, recomenda-se não adicionar esses produtos à ração.

A peletização contribui para reduzir a contaminação das rações.

A água da granja deve ser captada numa caixa d´água central para posterior distribuição, precisa ser abundante, limpa, fresca e isenta de patógenos. Deve ser monitorada e, se necessário, tratada. A cloração é feita pela adição de 1 a 3 ppm de Cloro na água de bebida. É importante ressaltar que a água usada para vacinações das aves, não pode ser clorada.

Manejo sanitário: É fundamental implantar o sistema de criação de lotes com idade única no mesmo núcleo. Diariamente, proceder à limpeza dos bebedouros, retirada de aves mortas e machucadas.

✓ Limpeza e desinfecção das instalações

- Proceder diariamente limpeza e desinfecção, de banheiros (pela manhã e à tarde) e na sala de ovos (após a saída dos ovos do dia), bem como os equipamentos existentes nos respectivos locais;
- Nos aviários com aves alojadas, remover a poeira de telas, ninhos e lâmpadas, pelo menos uma vez por semana e limpar os bebedouros diariamente.

- Após a saída do lote, limpar imediatamente os aviários, desmontar os equipamentos e retirar a cama;
- Antes de retirar a cama, deve-se umedecê-la para diminuir a formação de poeira;
- Comedouros e silos deverão ser esvaziados e as sobras de ração eliminadas;
- Todos os equipamentos móveis deverão ser retirados, lavados e desinfetados.
- Varrer o aviário e limpar os equipamentos, passar lança chamas (vassoura-de-fogo) no piso e muretas, para queimar as penas restantes. Na seqüência, lavar piso, paredes, teto, vigas e cortinas, com água sob pressão.
- Limpar e desinfetar as calçadas externas, silo, caixa d´água e tubulações. Após a secagem, proceder a desinfecção do aviário e a recolocação da cama e equipamentos.
- Fumigar o aviário, deixando-o totalmente fechado, por 24 horas.
- Recomenda-se fazer vazio sanitário de, no mínimo, 15 dias antes de alojar outro lote.
- Caiar o aviário: realizar a caiação (pintura com 24l de água para 1,8Kg de cal extinta e 0,12 de creolina)
- Redistribuir a cama. Colocar sempre cama nova nos círculos de proteção.
- Após esses cuidados, manter o galpão fechado por mais quatro horas.
- Os desinfetantes mais utilizados no processo de desinfecção são: Formol, Iodo, Amônia Quaternária, Fenóis, Cresóis e Cloro. É recomendado fazer o rodízio periódico do princípio ativo.

- Na escolha dos desinfetantes deve ser observado os principais fatores: Economia; Germicidas; Baixa Toxidade; Solúvel em água; Efetivo mesmo em presença de matéria orgânica; Não corrosivo, sem propriedades de coloração ou descoloração; Capacidade de penetração; Inodoro; Estável quando estocado Biodegradável;

Princípios / Locais	Formol	Iodo	Amônia Quaternária	Fenóis Cresóis	Cloro	Soda	Água de Cal
Caixas de água e encanamento	-	+	+	-	+++	-	-
Piso	+	+	+	+	-	+	+
Paredes	+	+	+	+	-	-	+++
Telhados	+	+	+	+	-	-	-
Telas	+	-	+	+	-	-	-
Equipamentos	+	+-	+	+	+	-	-
Pedilúvio	-	-	+	+	-	-	-
Matéria orgânica	-	-	+	+	-	+	-

- não recomendado   + - medianamente recomendado
+ recomendado   +++ muito recomendado
Fonte: APINCO, 1989.

✓ Controle de vetores

Aviários e locais para armazenamento de alimentos ou ovos, devem ser mantidos livres de insetos e roedores. Quanto mais limpo e organizado o setor, menor a multiplicação de ratos e moscas. Manter o esterco seco reduz a proliferação de moscas e a utilização de proteções de tela nas aberturas, evita o acesso de ratos e pássaros.

✓ Controle integrado de moscas em Avicultura intensiva:

Controle da criação de moscas no esterco.

Em avicultura de intensiva, devem ser constantes os cuidados com o controle de moscas. É importante lembrar que a produção excessiva de moscas pode causar, além de prejuízos para o próprio avicultor pela transmissão de doenças, baixa produção dos operários pelo contínuo incômodo causado pela presença dos insetos, diminuição na qualidade dos ovos por sujeiras depositadas pelas moscas e, também, prejuízos e incômodos aos vizinhos, ocasionando reclamações e demandas.

As moscas são insetos que se reproduzem rapidamente fazendo seis a oito posturas de 100 a 120 ovos durante seu curto período de vida (de 25 a 45 dias). Após a postura, os ovos eclodem em menos de 24 horas e as larvas se desenvolvem em 4 a 6 dias. Depois de alimentadas, as larvas buscam a parte mais seca do esterco ou o solo onde se transformam em pupas. Após 5 a 6 dias, nascem as moscas adultas.

Para nutrição das larvas, no caso da mosca doméstica, é necessário cerca de um grama de esterco. Pode-se aqui avaliar o potencial de criação de moscas em um plantel de poedeiras, ondecentenas delas são mantidas confinadas.

Nas granjas de postura, além dos ovos e das aves de descarte, o esterco deve ser considerado como um dos produtos resultantes da atividade pecuária, demandando investimentos e cuidados contínuos.

O manejo de aves de postura implica na permanência do esterco sob as gaiolas, por longos períodos. O desconhecimento sobre o seu manejo adequado e aplicação de medidas corretas de controle de criação de moscas, fazem com que ocorram idéias errôneas tanto sobre as causas do problema de excesso de moscas, quanto sobre as possíveis soluções. A visualização dos montes de esterco embaixo das gaiolas sugere ao observador uma falta de cuidado do granjeiro. Ao contrário, quando se formam esses montes de esterco, significa que o mesmo está seco e, nesse caso, não permite a criação de larvas de moscas.

Essas só se criam no esterco úmido ou molhado (com umidade acima de 50%). A secagem desse material e a preservação da fauna de predadores e parasitos de ovos e larvas, mantém a situação em equilíbrio, ou seja, com poucas moscas. O controle da criação de moscas pode ser efetuado através de medidas de controle integrado que incluem as medidas de controle mecânico, tanto do esterco quanto das carcaças e resíduos de ovos, medidas de controle biológico e medidas de controle químico.

Medidas de controle Mecânico:

As medidas de controle mecânico têm como objetivo manter o esterco seco impedindo a proliferação das moscas.

- O uso de gradeado de madeira sob as gaiolas que facilita, além da secagem, também a remoção do esterco (tábuas de 5 cm de largura apoiadas sobre traves colocadas a cerca de 15 cm do solo). Onde o uso desse recurso não é possível (gaiolas com pés de barras de ferro ou muito próximas do solo) a vigilância sobre a umidade do esterco deve ser maior.

- Diariamente deve-se verificar o esterco para identificar pontos de vazamento dos bebedouros, encanamentos e, ainda, outras possibilidades de causas de umedecimento do esterco. Tomando-se medidas corretivas imediatas, previne-se a condição que favorecem a criação de moscas.

- Considere-se que, se for permitido o nascimento de uma grande quantidade de moscas, após a tomada de medidas de controle mecânico, a população de adultos só será eliminada com uso de produtos químicos ou após o tempo de vida desses insetos (de 20 a 45 dias). Essa vigilância deve ser feita por pessoa que permaneça continuamente nos aviários.

- A secagem do esterco pode ser acelerada espalhando-se a parte molhada sobre o esterco seco ou colocando-se cal, o que impede a instalação de larvas e diminui o custo do controle.

- Nos galpões em que a camada de esterco fica no mesmo nível do terreno, deve ser feito um dreno (valo) para que a água que escoa do telhado não molhe esse esterco ou efetuar o rebaixamento de nível de todo o corredor.

- A vegetação ao redor dos galpões deve ser mantida baixa, pois facilita a ventilação e com isso a secagem do esterco. Só deve ser permitida a vegetação de grande porte como barreira mecânica entre um grupo de galpões e outro.

- Cuidados maiores devem ser dispensados em determinados períodos da criação, como o início do ciclo de postura de um novo lote, em época de muda e, mesmo, em plantéis de determinadas linhagens de galinhas que produzem esterco mais líquido. Nesse caso o uso de serragem acelera a secagem do esterco e a cal deve ser usada nos locais mais úmidos.

Medidas de controle biológico

O controle biológico é realizado pelos inimigos naturais das moscas, como os besouros (cascudinhos), lacrainhas e ácaros, entre outros, que se alimentam de ovos e larvas de moscas. Esse controle biológico pode ser estimulado da seguinte forma:

- Deixando-se uma parte do esterco, cerca de 5 cm, quando é feita a sua retirada durante o período de produção (em geral com 46 semanas);

- Colocando-se uma camada de esterco velho (com cascudinhos e outros insetos predadores) no início de um novo lote;

- Com o uso de serragem no início do lote para facilitar a secagem do esterco e criação de predadores.

- Não aplicando inseticidas sobre o esterco para preservar os insetos predadores.

Medidas de controle químico

No controle químico, o uso de produtos adulticidas (que matam moscas adultas) deve se limitar a aplicações nos locais onde a presença de moscas é indesejável. Os adulticidas não devem ser aplicados sobre o esterco por causarem a morte de predadores, desequilibrando ainda mais esse sistema.

O uso de larvicidas administrados via ração deve ser racionalizado para evitar o desenvolvimento de resistência. Como os problemas de criação de moscas ocorrem quando o esterco demora a secar, ou seja, em épocas de chuvas, no início de lote e na fase de muda (forçada ou natural), o produto deve ser estrategicamente utilizado só nesses períodos e se prolongar até que sejam formados os montes de esterco, demonstrando a secagem do material que impossibilita a criação de moscas.

A conscientização dos empregados da granja, obtida pela transmissão de conhecimentos na área de controle de moscas, permite um trabalho eficiente com resultados satisfatórios. A educação do pessoal da granja deverá ser contínua dada a rotatividade da mão de obra.

✓ Controle integrado de roedores e pássaros em nos galpões:

Deve-se utilizar telas de malhas fechadas e resistentes, nas laterais dos galpões, alguns criadores ainda colocam uma barreira de alumínio ao redor das paredes, afim de evitar que os roedores consigam chegar junto as telas.

Não se deve utilizar venenos, principalmente venenos que possam ser transportados para dentro do galpão pelos próprios roedores e pássaros, principalmente quando estes conseguem nidificar no mesmo.

Deve-se ter um cuidado especial com a junção do telhado com as paredes e com o espaço deixado para o lanternim, pois os pássaros são bastante habilidosos.

Destino das aves mortas: As aves mortas deverão ser incineradas, enterradas em fossa revestida e coberta por laje de concreto ou utilizadas na compostagem. Da mesma forma, dar correto destino aos demais resíduos da produção (estercos, restos de ovos, embalagens).

As aves mortas agem como fonte de disseminação de doenças que podem se espalhar por intermédio de ratos, camundongos, moscas, cães, pássaros ou outros animais.

Existem vários métodos de eliminação, sendo os principais:

- Incineração;

- Fossa septic;

A fossa deve ser construída no mínimo a 200m de distância dos aviários e em local onde não ocorra contaminação do lençol freático. Deve ser coberta com laje de concreto e uma abertura central com tampa, para introdução das aves mortas (figura a seguir).

Não deverá ser jogado no interior da fossa qualquer tipo de desinfetante, pois ele eliminará os microorganismos que são importantes para a decomposição das carcaças.

Vacinações: Cabe ao veterinário responsável pela granja, elaborar o programa de vacinação. Esse programa deve atender as condições reais de cada empresa, de acordo com os desafios sanitários da região e basear-se em resultados laboratoriais e técnicos.

A vacinação deve proteger as matrizes e dar-lhes condições de transmitir aos pintos, suficiente imunidade contra doenças como Gumboro, Bronquite Infecciosa e Newcastle e

Encefalomielite. Todas as aves devem ser vacinadas no incubatório, contra a doença de Marek.

Certos cuidados determinam o êxito da vacinação:
- *Deve*-se planejá-la com antecedência,
- Seguir o cronograma proposto,
- Respeitar os prazos de validade das vacinas,
- Respeitar as vias de aplicação e as diluições indicadas.
- As vacinas devem ser conservadas a 4°C.
- Aves doentes não devem ser vacinadas.

Monitoramento sanitário: O monitoramento sorológico visa avaliar e reajustar o programa de vacinação, determinar os níveis de imunidade, diagnosticar surtos de doença e avaliar a biossegurança na granja.

Para comercialização nacional e exportação de produtos avícolas, o MA preconiza o monitoramento oficial dos plantéis, para salmoneloses, micoplasmoses e doença de Newcastle, em laboratórios credenciados. As monitorias dessas enfermidades são realizadas através de exames sorológicos e bacteriológicos, sistemáticos. O responsável técnico da granja deve estabelecer o cronograma para as coletas, observando que nas quatro semanas que antecedam os testes sorológicos, não sejam usadas vacinas com adjuvantes oleosos.

Continuamente proceder a monitoria de parasitas no plantel. O controle da coccidiose é feito pela adição de quimioterápicos na ração ou através da vacinação das aves.

Manejo da Cama: A cama tem como função principal absorver umidade e ser termoreguladora, (bom isolamento do piso), ainda deve ser macia e compressível para proteger o peito do frango evitando calosidades.

Deve ser de baixo custo e fácil disponibilidade na região e ainda seja aproveitável como subproduto para adubo.Ainda deve-se ter o cuidado da mesma ser livre de contaminação - fungos, ecto e endoparasitas e proveniente de material inerte;

Tipos de materiais usados:

- Sabugo de milho triturado;
- Cepilho de madeira (maravalha);
- Casca de arroz integral e triturado;
- Capim triturado e seco;
- Casca de amendoim;
- Casca de café.

A quantidade de cama a se utilizar por ave varia de 0,5 a 0,8 kg por ave, numa espessura de 5 a 8 centímetros de altura, ou 1 m3 pode cobrir em torno de 20 m2 de área, com uma altura de 5 cm.

Em caso de ocorrer umedecimento da cama ao redor dos bebedouros, por chuva ou acidente na instalação hidráulica, esta cama deverá ser substituída por outra seca e limpa, imediatamente.

A umidade normal de cama está em torno 20 a 25 %.

A cama nos primeiros 15 dias deve ser envolvida pelo menos 2 vezes. A partir daí, se necessário, revolver duas vezes por semana, para evitar emplastramento.

A cama deverá ser tratada com fungicida. Como sugestão o sulfato de cobre a 3%, em 3 aplicações, como: Primeiramente pulveriza-se todo o piso do galpão com sulfato de cobre a 3%; Após colocar a cama, procede-se o tratamento da mesma com duas aplicações sendo a segunda duas horas após a primeira tendo o cuidado de revolver a cama primeiramente.

Ao final de cada ciclo de criação, a cama deverá ser enleirada e retirada do galpão, vendida ou armazenada em local seco, ventilado e distante dos galpões.

Considerações finais: Empresas que buscam desenvolvimento competitivo devem ter na biosseguridade uma ferramenta indispensável para assegurar a saúde dos plantéis, dando condições às aves de manifestarem todo seu potencial genético. Esse programa exige o comprometimento de todos, garantido não só a qualidade sanitária do plantel como a rentabilidade do setor produtivo

As exigências referentes a espaço e lugar dependem sempre da finalidade de sua produção, Aves para corte terão ambiente e tratamento diferenciado do que as aves destinadas à postura ou reprodutoras. Assim é fundamental antes da construção, adaptação, ambientação e equipar seu galpão tenha bem definido a finalidade do mesmo. Entretanto alguns pontos são genéricos para todos os tipos de abrigo para as aves tais como:

Considerações Preliminares

- Proteção contra chuva;
- Proteção contra excessos de temperatura (baixa ou elevada);
- Proteção contra ventos;
- Proteção contra radiação solar;
- Proteção contra "stress";
- Proteção contra poluição do ar;
- Proteção contra ectoparasitos e endoparasitas;
- Proteção contra roedores e aves;

Deve-se analisar antes de iniciar as construções alguns fatores pertinentes:

- Fisiografia;
- Área e utilização dos solos;
- Solos;
- Clima;
- Vegetação;
- Topografia;
- Hidrografia;

Localização das edificações: A escolha do local adequado para implantação do aviário visa otimizar os processos construtivos, de conforto térmico e sanitário. O local deve ser escolhido de tal modo que se aproveitem as vantagens da circulação natural do ar e se evite a obstrução do ar por outras construções, barreiras naturais ou artificiais. O aviário deve ser situado em relação à principal direção do vento se este provir do sul ou do norte. Caso isso não ocorra, a localização do aviário para diminuir os efeitos da radiação solar no interior do aviário prevalece sobre a direção do vento dominante. A direção dos ventos dominantes e as brisas devem ser levadas em consideração para aproveitar as vantagens do efeito de resfriamento no trópico úmido. Escolher o local com declividade suave, voltada para o norte, é desejável para boa ventilação.

No entanto, os ventos dominantes locais, devem ser levados em conta, principalmente no período de inverno, devendo-se prever barreiras naturais. É recomendável dentro do possível, que sejam situados em locais de topografia plana ou levemente ondulada, onde não seja necessário serviços de terraplanagem excessiva e construções de muros de contenção. Contudo é interessante observar o comportamento da corrente de ar, por entre vales e planícies, nesses locais é comum o vento ganhar grandes velocidades e causar danos nas construções. O afastamento entre aviários, deve ser suficiente para que uns não atuem como barreira à ventilação natural aos outros. Assim, recomenda-se afastamento de 10 vezes a altura da construção, entre os dois primeiros aviários a barlavento, sendo que do segundo aviário em diante o afastamento deverá ser de 20 à 25 vezes esta altura, como representado na Figura 1.

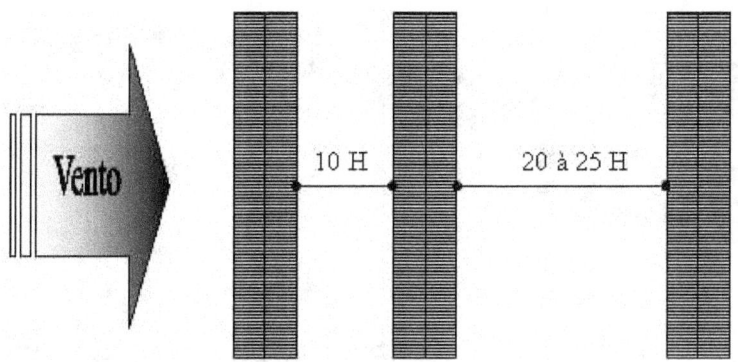

Figura 05 – Esquema da distância mínima entre aviários
Fonte:http://www.nordesterural.com.br/nordesterural/matl
er.asp?newsId=683

Orientação: O sol não é imprescindível à avicultura. Se possível, o melhor é evitá-lo dentro dos aviários. Assim, deve ser construída com o seu eixo longitudinal orientado no sentido leste-oeste Figura 2. Nessa posição nas horas mais quentes do dia a sombra vai incidir embaixo da cobertura e a carga calorífica recebida pelo aviário será a menor possível. Por mais que se oriente adequadamente o aviário em relação ao sol, haverá incidência direta de radiação solar em seu interior em algumas horas do dia na face norte, no período de inverno.

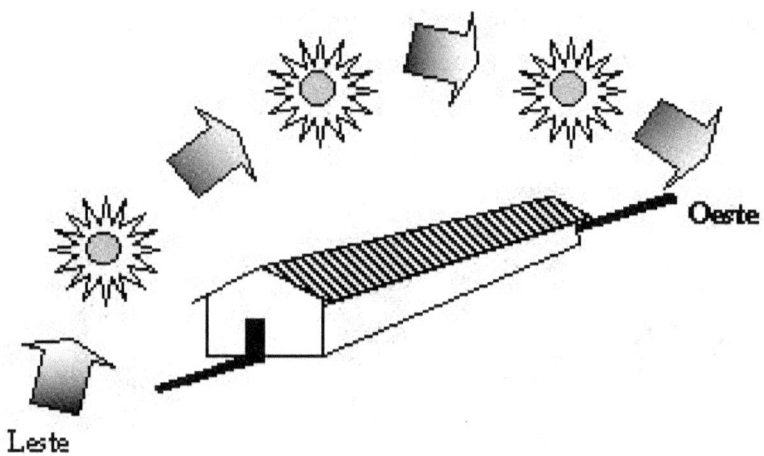

Figura 06 - Orientação do aviário em relação à trajetória do sol.
Fonte: http://www.cnpsa.embrapa.br

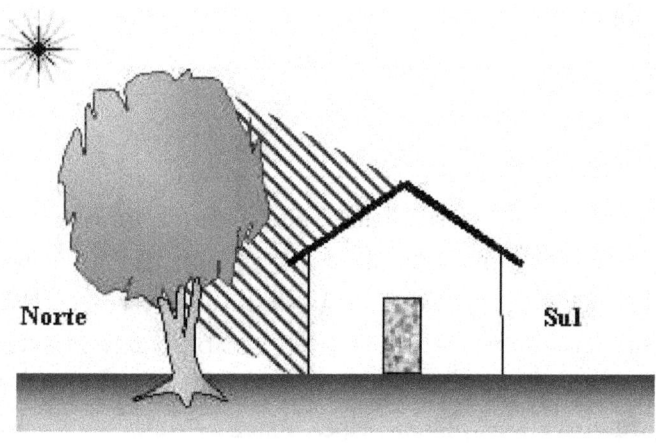

Figura 07 - Uso de árvores como sombreiro
Fonte: http://www.cnpsa.embrapa.br

O emprego de árvores altas produz micro clima ameno nas instalações, devido à projeção de sombra sobre o telhado Para as regiões onde o inverno é mais intenso as árvores devem ser caducifólias. Assim, durante o inverno as folhas caem permitindo o aquecimento da cobertura e no verão a copa das árvores torna-se compacta sombreando a cobertura e diminuindo a carga térmica radiante para o interior do aviário. Para regiões onde a amplitude térmica entre as estações do ano não é acentuada e a radiação solar constitui em elevado incremento de calor para o interior do galpão o ano todo, as árvores não precisam ser necessariamente caducifólias. Devem ser plantadas nas faces norte e oeste do aviário e mantidas desgalhadas na região do tronco, preservando a copa superior. Desta forma a ventilação natural não fica prejudicada. Fazer verificação constante das calhas para evitar entupimento com folhas.

A qualidade das vizinhanças afeta a radiosidade (quantidade de energia radiante levada pela superfície por unidade de tempo e por unidade de área - emitida, refletida, transmitida e combinada). É comum instalar gramados em toda a área delimitada aos aviários pois reduz a quantidade de luz refletida e o calor que penetra nos mesmos. O gramado deverá ser de crescimento rápido que feche bem o solo não permitindo a propagação de plantas invasoras. Deverá ser constantemente aparado para evitar a proliferação de insetos. São necessários 5m de largura para trânsito de veículos no abastecimento de ração e carregamento de aves, na lateral das edificações e portanto no planejamento e terraplanagem, essa largura deve ser adicionada.

Dimensões dos Galpões

A grande influência da largura do aviário é no acondicionamento térmico interior, bem como em seu custo. A largura do aviário está relacionada com o clima da região onde o mesmo será construído. Normalmente recomenda-se largura até 10m para clima quente e úmido e largura de 10 até 14m para clima quente e seco A largura de 12m tem sido utilizada com freqüência e se mostrado adequada para o custo estrutural, possibilitando bom acondicionamento térmico natural, desde que associada à presença do lanternim e altura do pé-direito adequadamente dimensionados.

O pé direito do aviário pode ser estabelecido em função da largura adotada, de forma que os dois parâmetros em conjunto favoreçam a ventilação natural no interior do aviário com acondicionamento térmico natural. Quanto mais largo for o aviário, maior será a sua altura. Em regiões onde existe incidência de ventos fortes, aviários com pé-direito acima de 3m, exigem estrutura reforçada. Em regiões onde exista disponibilidade de madeira e que esta não seja atacada por cupins é mais recomendável a utilização de telhas de barro com pé-direito de 3m. O pé direito do aviário é elemento importante para favorecer a ventilação e reduzir a quantidade de energia radiante vinda da cobertura sobre as aves. Estando as aves mais distantes da superfície inferior do material de cobertura, receberão menor quantidade de energia radiante, por unidade de superfície do corpo, sob condições normais de radiação. Desta forma, quanto maior o pé direito da instalação, menor é a carga térmica recebida pelas aves. Quanto mais largo for o aviário, maior será a sua altura.

Tabela 4.1. Dimensões dos galpões.

Largura do Aviário (m)	Pé direto mínimo em climas quentes (m)
- até 08	2,80
08 a 09	3,15
09 a 10	3,50
10 a 12	4,20
12 a 14	4,90

Fonte: TINÔCO (1995).

O comprimento do aviário deve ser estabelecido para se evitar problemas com terraplanagem, comedouros e bebedouros automáticos. Não deve ultrapassar 200m. Na prática os comprimentos de 100 à 125m têm-se mostrados satisfatórios ao manejo das aves, porém é aconselhado divisórias internas ao longo do aviário em lotes de até 2.000 aves para diminuir a competição e facilitar o manejo das aves. Estas divisórias devem ser removíveis, e de tela, para não impedir a ventilação e com altura de 50cm, para facilitar o deslocamento do avicultor.

O piso é importante para proteger o interior do aviário contra a entrada de umidade e facilitar o manejo. Este deve ser de material lavável, impermeável, não liso com espessura de 6 a 8cm de concreto no traço 1:4:8 (cimento, areia e brita) ou 1:10 (cimento e cascalho), revestido com 2cm de espessura de argamassa 1:4 (cimento e areia). Pode ser construído em tijolo deitado que apresenta boas condições de isolamento térmico. O piso de chão batido, não isola bem a umidade e é de difícil limpeza e desinfecção, no entanto , tem-se propagado por diminuir o custo de instalação do aviário. Deverá ter inclinação transversal de 2% do centro para as extremidades do aviário e estar a pelo menos 20cm acima do chão adjacente e sem ralos, pois permite a entrada de pequenos roedores e insetos indesejáveis.

A parede protege as aves de vários fluxos de energia radiante mas também reduz a movimentação do ar. Os oitões ou paredes das extremidades do aviário devem ser fechados até o teto. Para climas quentes, que não possuem correntes de ventos provindas do sul, recomenda-se que os oitões sejam de tela como nas laterais e providos de cortinas. Os oitões devem ser protegidos do sol nascente e poente, pintando as paredes com cores claras, sombreando-os por meio de vegetação, beirais ou sombrites. Dependendo da região, os oitões podem ser de madeira, telhas onduladas, fibra de vidro, lâminas de isopor ou alvenaria. O oitão do lado leste pode ser de 15cm de espessura, sendo o do lado oeste de 25cm, em material com menor condutividade térmica, como, por exemplo, o tijolo cerâmico ou mesmo a madeira. A altura das muretas lateral deve ser de 20 a 40cm tem se mostrado satisfatória por permitir a entrada de ar ao nível das aves e não permitir a entrada de água da chuva e nem que a cama seja jogada para fora do aviário. As muretas deverão ter a parte superior chanfrada, pois facilita a limpeza e não permite o empoleiramento de aves. Entre a mureta e o telhado, deve ser colocado tela.

A tela tem a finalidade de protegere limitar, proteger a cortina e evitar a entrada de pássaros, que além de trazerem enfermidades poderão consumir ração das aves. A malha da tela deve ser de 2,5 cm, fio 16. Tem-se tido boa aceitação das telas de PVC (plástico) por não enferrujarem, não provocarem rasgos nas cortinas, terem maior durabilidade e possibilidade de reaproveitamento.

As Cortinas laterais, devem ser instaladas pelo lado de fora, para evitar penetração de sol, chuva e controlar a ventilação no interior do aviário. As cortinas poderão ser de plástico especial trançado, lona ou PVC, confeccionadas em fibras diversas, porosas para permitirem a troca gasosa com o exterior, funcionando apenas como quebra-vento, sem capacidade de isolamento térmico. Devem ser fixadas para possibilitar ventilação diferenciada para condição de inverno e verão. Para atender ambas situações é ideal que seja fixada a dois terços da altura do pé-direito e que seja aberta das extremidades para o ponto de fixação.

Sob condições de inverno esta deve ser aberta de cima para baixo e em condições de verão, de baixo para cima. Para se obter maior eficiência da ventilação natural devido ao termosifão e ao vento, deve-se abrir as duas partes, juntando-as na altura da fixação. Nos primeiros dias de vida, recomenda-se o uso de sobrecortinas em regiões frias, para auxiliar a cortina propriamente dita, evitando a entrada de correntes de ar no aviário. A sobrecortina deve ser fixada na parte interna do aviário, de tal forma que se sobreponha a tela, evitando a entrada de correntes de ar. O aviário deverá ter portas nas extremidades para facilitar, ao avicultor, o fluxo interno e as práticas de manejo. Estas devem ter pedilúvio fixo, que ultrapasse a largura das portas em 40cm de cada lado, largura de 1m e profundidade de 5 a 10cm. Para facilitar o carregamento de aves, a carga nova e a descarga de cama velha é conveniente também a instalação de 1 porta em cada extremidade do aviário, que permita a entrada de 1 veículo ou trator.

Cobertura

O telhado recebe a radiação do sol emitindo-a, tanto para cima, como para o interior do aviário. Nas regiões tropicais a intensidade de radiação é alta em quase todo o ano, e é comum verificar desconforto das aves devido ao calor mesmo durante épocas mais frescas do ano, devido à grande emissão de radiação do telhado para o interior do aviário. O mais recomendável é escolher para o telhado, material com grande resistência térmica, como o sapé ou a telha cerâmica. Entretanto o sapé como é materia organica pode ser uma boa fonte de propagação de microorganismos e ectoparasitas, além de ser inflamavel. Contudo, por comodidade e economia é comum o emprego de telhas de cimento amianto, que é material de baixo conforto para as aves além de liberar residuos canseriginos e sendo assim desaconselhavel. Para regiões quentes, utilizar telhas com isolamento térmico, como o poliuretano, telhas cerâmicas ou telhas de fibrocimento pintadas com tinta acrílica branca. Em termos de conforto térmico e, sanidade a telha de cerâmica ainda é a mais indicada. Devem ser evitadas as telhas de alumínio ou zinco, devido ao barulho provocado durante o período chuvoso. O material ideal para a cobertura deve ter alta refletividade solar e alta emissividade térmica na superfície superior e baixa refletividade solar e emissividade térmica na superfície inferior

A inclinação do telhado afeta o condicionamento térmico ambiental no interior do aviário, através da mudança do coeficiente de forma correspondente as trocas de calor por radiação entre o animal e o telhado, e modificando a altura entre as aberturas de entrada e saída de ar (lanternim). Quanto maior a inclinação do telhado, maior será a ventilação natural devido ao termossifão. Inclinações entre 20 e 30° têm sido consideradas adequadas, para atender as condições estruturais e térmicas.

O lanternim, é uma abertura na parte superior do telhado, é indispensável para se conseguir adequada ventilação, pois, permite a renovação contínua do ar pelo processo de termossifão resultando em ambiente confortável. Deve ser em duas águas, disposto longitudinalmente na cobertura. Este deve permitir abertura mínima de 10% da largura do aviário, com sobreposição de telhados com afastamento de 5% da largura do aviário ou 40cm no mínimo. Deve ser equipado, com sistema que permita fácil fechamento e com tela de arame nas aberturas para evitar a entrada de pássaros, roedores e morcegos.

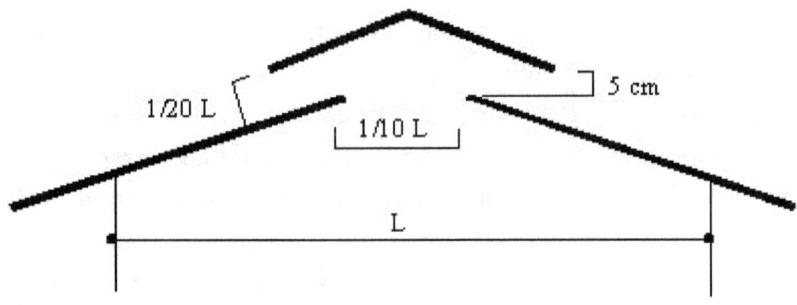

Figura 08. Esquema para determinação das dimensões do lanternim;
Fonte: http://www.cnpsa.embrapa.br

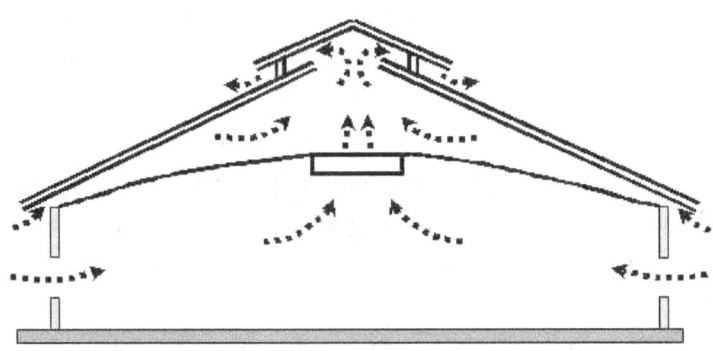

Figura 09. esquema de funcionamento do lanternim;
Fonte: http://www.cnpsa.embrapa.br

Tem função de sombrear o ambiente proximo ao galpão, principalmente no periodo quente do dia, alem de proteger o interior do galpao da agua das chuvas. Em função da inclinação do telhado e do comprimento do galpão maior o beiral, maior será a ventilação. Em regioes muito chuvosas, aconselha-se inclinação de 45° com relação ao piso. De maneira geral, recomenda-se beirais de 1,5 a 2,5 metros, de acordo com o pé-direito.

Ventilação

A ventilação é um meio eficiente de redução da temperatura dentro das instalações avícolas, por aumentar as trocas térmicas por convecção, conduzindo a um aumento da produção. Desvios das situações ideais de conforto caracterizam no surgimento de desempenho baixo do lote, em conseqüência de estresses e necessita-se, portanto de artifícios estruturais para manter o equilíbrio térmico entre a ave e o meio. A ventilação adequada se faz necessária também; para eliminação do excesso de umidade do ambiente e da cama, proveniente da água liberada pela respiração das aves e da água contida nas fezes; para permitir a renovação do ar regulando o nível de oxigênio necessário às aves, eliminando gás carbônico e gases de fermentação.

A renovação do ar de um ambiente pode ser classificada como:

- ✓ Ventilação Natural ou espontânea;
- ✓ Ventilação dinâmica;
- ✓ Ventilação térmica;

✓   Ventilação Artificial, mecânica ou forçada;

✓   Pressão positiva (Pressurização);

✓   *Pressão negativa (Exaustão);*

A quantidade de ar que o sistema de ventilação deve introduzir ou retirar do aviário depende das condições meteorológicas e da idade das aves. As necessidades de ar em função da temperatura ambiente e da idade das aves são apresentadas na Tabela 2 e as necessidades de ventilação em função do tipo de ave para inverno e verão são apresentadas na Tabela 3.

Tabela 4.2. Necessidades de ar em função da temperatura e da idade das aves (litros / ave / minuto).

Temperatura (°C)	Idade (semanas)			
	1	3	5	7
4,4	6,8	19,8	34,0	53,8
10,0	8,5	22,7	45,3	65,1
15,6	10,2	28,3	53,8	79,3
21,1	11,9	34,0	62,3	93,4
26,7	13,6	36,8	70,8	104,8
32,2	15,3	42,5	79,3	118,9
37,8	17,0	48,1	87,8	133,1
43,3	18,7	51,0	96,3	144,4

Tabela 4.3. Necessidades de ventilação, em m^3 / hora / quilo de carne.

Idade (dias)	Peso (g)	Mínima inverno	Máxima verão	Máxima verão Umidade > 50%
7	160	0,5	2	2
14	380	0,6	2	2
21	700	0,7	3	3
28	1070	0,9	4	4
35	1500	1,0	5	6
42	1920	1,5	6	8
49	2350	1,5	6	8

Aquecimento

Vários tipos de aquecedores foram desenvolvidos, buscando melhor forma de fornecer calor e proporcionar conforto térmico às aves com menor consumo de energia. Esses equipamentos estão cada vez mais aperfeiçoados, funcionais e eficientes. O esquema abaixo representa as categorias de aquecedores.

Tipos de Aquecedores

✓ *Aquecedores a lenha:*
- *Campânulas*
- *Fornalha*

✓ *Aquecedores elétricos:*
  - *Campânulas elétricas*
  - *Lâmpadas infravermelhas*
  - *Resistência embutida no piso*

✓ *Aquecedores a gás:*
  - *Campânulas a gás*
  - *Campânulas de placa cerâmica*
  - *Campânulas infravermelhas*
  - *Geradores de ar quente*

✓ *Alternativos:*
  - *Aproveitamento de resíduos*
  - *Fornalhas*
  - *Biogás*
  - *Canalização de água quente no piso*
  - *Aquecimento solar*

Artifícios para melhorar o conforto térmico

Uso de forros sob a cobertura:

O forro atua como uma segunda barreira física, a qual permite a formação de uma camada de ar móvel junto a cobertura, o que contribui sobremaneira para redução da transferência de calor para o interior da construção. Há referencias de que a redução é de 62% ao se passar de um abrigo sem forro par um com forro simples de duratex de 6mm, não ventilado e de 90% no caso de forro com ventilação. Os lanternins, quando bem planejados contribuem muito para esta ventilação. Entretanto, o uso de forro praticamenteinexistente nas instalações avícolas, por razoes econômicas, temores com relação a desinfecção, uma vez que os materiais mais comuns para forros são higroscópicos, e também pela possibilidade de se tornarem abrigo para pragas.

Pinturas com cores claras e escuras

Segundo vários pesquisadores, a combinação de cores que proporciona melhor resultado em termos de redução do desconforto térmico, para climas caracterizados por altas temperaturas, é a cor branca (que possibilita alta refletividade solar) na face superior e a preta na face interior do material de cobertura. Embora a superfície negra possua efeitos indesejáveis, como maior temperatura de superfície e maiores emissibilidade e absortividade, tem a vantagem de possuir baixa reflexibilidade. Assim a carga térmica de radiação sobre as aves torna-se menor. Quanto maior a radiação proveniente do solo aquecido e sombreado, maior a importância da pintura negra.

Equipamentos

Em geral são definidos como equipamentos, todas as unidades moveis complementares à construção do aviário, necessárias para atender as exigências fisiológicas e de manejo das aves, tais como:

Sistema de higienização

Os equipamentos para limpeza dos galpões e desinfecção destes são as bombas de alta pressão (lava jato) e bombas dosadoras de cloro

Equipamentos de limpeza dos galpões: vassouras, rodos, pás, ...

Desinfecção de ovos:

- Máquinas lavadoras de ovos;
- Fumigadoras;
- Pulverizadores;

Sistema de iluminação

Este é responsável pelo fornecimento de luz às aves, devendo ser bem dimensionado, para que atenda as exigências técnicas mínimas, fazem parte do sistema:

- **Fiação elétrica:** deve ser planejada para as possíveis maquinas instaladas no aviário, dever ter boa resistência e bem instalados.
- **Lâmpadas incandescentes:** são importantes para fornecimento de calor, contudo exigem mais consumo de energia sendo assim mais dispendiosas, fornecem iluminação amarelada.
- **Lâmpadas fluorescentes**: ideais para iluminação sem a necessidade de aquecimento, são mais econômicas e possuem maior intensidade luminosidade do que as incandescentes , alem de fornecer luz da cor branca;

- **Lâmpadas de vapor de sódio:** fornecem maior intensidade de luz, são frias, apresentam luz avermelhada, comparando com as anteriores possui gasto intermediário de energia, possuindo maior vida útil.

- **Refletores:** os refletores podem ser de vários modelos, capacidade, materiais e finalidades

- **Relógios automáticos** (timer)

Sistemas para abastecimento de água

- **Bebedouros:**
  As principais características dos bebedouros devem ser:
  - Fácil acesso para as aves
  - Evitar que as aves se molhem e vazamento;
  - Fácil limpeza;
  - Proporcionar a utilização de medicamentos;
  - Preço compatível;
  - Durabilidade

Principais tipos:

✓ **Bebedouros tipo pressão:**
Tem capacidade para 100 pintos, os mais comuns são de plástico e são usados sobre estrado.

✓ **Bebedouros infantis automáticos**
tipo copo com boia
montado sobre estrado, tem capacidade para 100 pintos e regulagem da lamina de água;

✓ **Bebedouros Pendulares**

tem capacidade para 100 aves, é confeccionado em plástico, possui regulagem de lamina de água, e é de fácil limpeza;

✓ **Bebedouros calha**

tem capacita par a 100 aves/m^2, hoje é pouco utilizado em poedeiras, pois foi substituído por nippler. Durante o manejo tende a derramar água;

✓ **Bebedouros tipo Nipple**

deve possuir filtro, possuir regulador de pressão dos bicos, a ave só tem contato com água que ira beber.possui lavagem por cabo e o tubo em PVC, pode ser dotado de eletrochoque, não requer abastecimento nem limpeza durante a criação do lote. A capacidade por bico é:

Pintos: 25 a 30 por bico;

Frangos de corte: 12 a 15 por bico;

Poedeiras: 8 a 12 por bicos

Reservatório de água tipo cisternas:

é imprescindível a existência de reservatórios de água em uma avícola, geralmente existe uma pequena caixa de água para cada galpão e uma de tamanho maior, planejada para suportar as necessidades de uma semana do plantel no mínimo evitando assim a existência de escassez de água na criação, fora a existência de caixas de áqua no escritório, casa do tratador, galpões de higienização, ...

Sistema de abastecimento de Ração:

- Comedouros:
  - ✓ Comedouros manuais e automáticos;
  - ✓ Comedouros tipo bandeja
  - ✓ Comedouros tipo Tubular
  - ✓ Comedouros Automáticos de corrente
  - ✓ Comedouros Automático tipo helicoidal
- Balança para pesagem de ração
  - ✓ Dinamômetro - tipo relógio
  - ✓ Tipo eletrônica
- Maquinas de arraçoamento
- Grades para alimentação
- Silos

Sistema de controle de temperatura, ventilação e umidade:

- Aquecedores;
  - ✓ Principais tipos de aquecedores;
    - Campânula elétrica;
    - Campânula de gás circular;
    - Aquecedores infra-vermelhos;
    - Aquecedores a lenha;
    - Aquecedor Solar;
    - Aquecedores a base de vapor d'água;

- Circulo de proteção
  - ✓ Papelão
  - ✓ Chapa de zinco

- ✓ Plástico/
- ✓ Eucatex
- Cortinas:
  - ✓ Lona de ráfia
  - ✓ Lona de plástico
  - ✓ Fibras de polietileno
    #Plástico encerrado deve ser evitado

- Controle de nebulização:
  - ✓ Capacidade 5,5 a8 litros/hora
  - ✓ Distancia entre bicos de 3m
  - ✓ Altura mínima de 3m
  - ✓ Controle da temperature

- Ventiladores:
  Indicado: 1 para 300m2

- Sistemas de controle computadorizado;

- Resfriadores;

- Higrostatos;

Sistema de coleta de ovos – Ninhos

- ✓ Ninhos manuais
- ✓ Ninhos automáticos
- ✓ Carrinhos transportadores
- ✓ Bandejas

Equipamentos para incubatório avícola

✓ Maquina de incubação
✓ Nascedouro
✓ *Máquina de ovoscopia;*
✓ *Máquina classificadora de ovos*
✓ *Máquina de embalagem de ovos*
✓ *Máquina de separação de pintos detritos*
✓ *Carrossel de sexagem*
✓ *Mesa de sexagem*
✓ *Máquina de contagem de pintos*
✓ *Máquina de lavagem de bandejas e caixas de pintos*

Equipamentos Complementares

✓ *Debicadores*
✓ *Balança para pesagem de aves*
✓ *Vacinadoras - pistolas*
✓ *Lança chamas;*
✓ *Pás para revirada de cama;*
✓ *Equipamento para lavagem dos bebedouros;*
✓ *Equipamentos de retirada e tratamento de resíduos*

Bibliografia consultada

ENGLERT; S.I. *Avicultura – tudo sobre raças, manejo e alimentação*. 7ª ed. Livraria e Editora Agropecuária. 1998. 238p.

FERREIRA, M. G. *Produção de Aves Corte e Postura*. 2ª Ed. Guaíba; Agropecuária; 1993. 118p.

MALAVAZZI, G.M. *Manual de Criação de Frangos de Corte*. 2ª Ed. Nobel. São Paulo: 1986. 163p.

MALAVAZZI, G.M. *Avicultura, Manual Prático*. Nobel. São Paulo: 1999. 156p.

I.C.E.A. *Curso de Avicultura*. 5ª ed. Campinas: 1985. 331p.

ARAÚJO, C.A. *Manual Prático de Produção de Ovos*. Tecnoprint. 1986. 109p.

NASCIMENTO, E.R. *Como Criar Frangos de Corte*. Tecnoprint. 1986. 97p.

CASTELO, J.A. *Manual Prático de Avicultura*. 1ª ed. Lisboa. 1980.

SOUSA, L.R. *Avicultura*. 1ª Ed. Lisboa. 1978. 200p.

SCHOLTYSSEK, S. *Manual de avicultura moderna.* Zaragoza. Acribia: 1970. *Anuário Guia Rural*

CAMPOS, Egladson João. **Avicultura – Razões, fatos e divergências** *- 2000.*

Costa, Benjamim Loreiro da. **Criação de Pintos: Manejo e nutrição das Aves em crescimento.**

Costa Filho, J Wilson da. **Instalações Avícolas Industriais.**

DOMINGUE, Ótávio, 1897 **Elementos da Zootecnia,** *1984.*

ENGLERT, Sérgio Inácio. *Manual de* **Avicultura: Tudo sobre Raças, Manejo e Nutrição.**

EDE, D A. **Anatomía de las Aves.**

FERREIRA, Mauro Gregory. **Produção de Aves: Corte & Postura,** *1993.*

FONSECA, Hilton J. S.**Confinamento de Galinhas: Instalações e Alimentação.**

Fundação Cargill. **Tópicos Avícolas.**

Instituto Campineiro de Ensino Agrícola, **Curso de Avicultura,** *1973.*

KLOSS, Gertrud Rita. **Alimentação das Aves Silvestres.**

KUPSCH, Walter. **Criação e Manutenção de Perus e Gansos.**

MACARI, Marcos; **Água na avicultura industrial,** *1996.*

MALAVAZZI, Gilberto, **Avicultura: Manual Pratico,** *1944.*

MALAVAZZI, Gilberto, **Manual de criação de frangos de corte**, 1944.

MOLENA, Oscar. **Criação de Codornas.**

MELO, Janúncio Bezerra de.; **Galinha Caipira: Orientações Técnicas sobre Manejo de Criação.** 1997

MANN, G. E. **Genética Avícola.**

MORENG, Robert E. AVENS John S., **Ciência e Produção de Aves,** 1990.

MORENG, Roberto E. **Ciência e produção de aves.**

ROSSI PR, **Revista Aves & Ovos**

ROSSI PR, **Simpósio Internacional Sobre Ambiência e Sistemas de Produção Avícola** 1998 Concórdia, SC - Embrapa.

PRICE, C.J. **Avicultura.**

SCHOLTYSSEK, Siegrifried. **Manual de Avicultura moderna.**

SIQUEIRA, Osvaldo. **Cartilha Avícola Brasileira**

STURKIE, Paul D. **Fisiología Aviária.**

www.ingramcontent.com/pod-product-compliance
Lightning Source LLC
Chambersburg PA
CBHW072038190526
45165CB00018B/1078